职业教育课程创新精品系列教材

电气安装与维修

主　编　朱丽娜　张华明
副主编　云海滨　冯鹏飞　王志强
参　编　马冬宝　郭志坚

北京理工大学出版社
BEIJING INSTITUTE OF TECHNOLOGY PRESS

内 容 简 介

本书依据教育部颁布的《中等职业学校机电技术应用专业教学标准》，并参照行业标准和中职教育实际情况编写而成。

本书由4个项目组成，分别为工厂配用电线路的安装、照明装置的安装、三轴钻孔机控制电路安装与调试、YL-156A型能力测试单元——智能排故板，共14个工作任务，均来源于企业典型工作任务。本书培养目标与岗位能力需求相统一，采取任务驱动的方式，按照施工单完成工作任务，相关技能点设置微课资源便于随时查看，同时设置必要的填空内容供学生填写以加强记忆；任务评价与全国中等职业院校技能大赛"电气安装与维修"赛项评价标准对接。

本书适合作为机电技术应用、电气技术应用、机电设备安装与维修及相关专业的教学实训用书，也可以作为从事电气安装与维修工作初学者的自学用书或工程技术人员的参考用书。

版权专有　侵权必究

图书在版编目（CIP）数据

电气安装与维修 / 朱丽娜，张华明主编. -- 北京：北京理工大学出版社，2021.9

ISBN 978-7-5763-0315-5

Ⅰ.①电…　Ⅱ.①朱…②张…　Ⅲ.①电气设备—设备安装②电气设备—维修　Ⅳ.①TM05②TM07

中国版本图书馆CIP数据核字（2021）第184698号

出版发行 / 北京理工大学出版社有限责任公司
社　　址 / 北京市海淀区中关村南大街5号
邮　　编 / 100081
电　　话 /（010）68914775（总编室）
　　　　　（010）82562903（教材售后服务热线）
　　　　　（010）68944723（其他图书服务热线）
网　　址 / http://www.bitpress.com.cn
经　　销 / 全国各地新华书店
印　　刷 / 定州市新华印刷有限公司
开　　本 / 889毫米×1194毫米　1/16
印　　张 / 9.5
字　　数 / 204千字
版　　次 / 2021年9月第1版　2021年9月第1次印刷
定　　价 / 38.00元

责任编辑 / 陆世立
文案编辑 / 陆世立
责任校对 / 周瑞红
责任印制 / 边心超

图书出现印装质量问题，请拨打售后服务热线，本社负责调换

前言

本书本着以综合职业能力为培养目标，以典型工作任务为载体，以学生为中心的基本原则来编写，各任务内容紧扣教学目的与要求，职能分明，结构清晰，结合生产实际，注重实践指导，模块与任务的设计注意难易梯度，易于不同层次的读者理解与吸收。每一项任务均按照任务引入、任务目标、施工单、基础知识、工作过程、任务习题的顺序编写，形成了以任务为主线，以企业实际中的配电线路安装、照明线路安装、控制电路装调、常见电气排故为载体的实践教学体系，并将所需知识融入各个任务中，体现了"做中学，学中做"的教学理念。

本教材主要特色如下：

（1）配备必要的数字化资源。所有技能点均配备相应的微课资源，读者扫描二维码即可进行查看。

（2）教学过程逻辑清晰。每个项目均设置了思维导图，便于读者建立系统性的认知和清晰的逻辑思维。

（3）内容源于企业，标准高于企业。本书由校企合作开发，编者团队深入挖掘企业典型工作任务，提炼工作流程、工作内容、工作职责等内容，将其教学化处理并融入教材中。

（4）有效对接2020年"电气安装与维修"试点赛内容。本书内容在选择上注意与国际电工技术和世界大赛接轨，以全国中等职业院校技能大赛"电气安装与维修"赛项评价标准进行任务评价，从而拔高技术、工艺标准。

（5）本书是一本新型活页式、工作手册式教材。本书将任务教学法与实践相结合，知识分布均衡，内容可拆解，便于教师教学和学生学习。既是学材，也是教材。

（6）适用范围较为广泛。凡是涉及供配用电领域，无一例外地要应用电工专业关键技术与基础技能，并且涉及制造、能源、农林等行业的相关技术。本书是机电技术应用、电子技术应用、机电设备安装与维修、电气技术应用等多个专业的重要教学内容。

本书由锡林郭勒职业学院朱丽娜副教授和神华北电胜利能源有限公司高级工程师、国家劳模、国家创新工作室带头人张华明担任主编；锡林郭勒职业学院云海滨、冯鹏飞、王志强三位老师担任副主编；北京电子科技职业技术学院马冬宝副教授及锡林郭勒职业教育中心郭志坚参与了本书的编写，所有编者均具备讲师以上职业技术资格；锡林郭勒职业学院张宏明教授担任主审。

本书在编写过程中得到了企业和学校许多同志的支持与帮助,参照了其他同类教材,在此一并表示衷心的感谢!由于编者水平和经验有限,书中可能存在疏漏或不妥之处,恳请读者和各位专家批评指正。

编　者

目录

项目一　工厂配用电线路的安装 ……………………………………………… 1

  任务一　PVC 线槽的安装 ……………………………………………… 4
  任务二　PVC 线管的安装 ……………………………………………… 12
  任务三　金属桥架的安装 ………………………………………………… 19
  任务四　配电线路的安装 ………………………………………………… 27

项目二　照明装置的安装 …………………………………………………………… 36

  任务一　照明配电箱的安装 ……………………………………………… 38
  任务二　灯具、开关、插座的安装 ……………………………………… 46

项目三　三轴钻孔机控制电路安装与调试 ……………………………………… 55

  任务一　三相异步电动机的安装与调试 ………………………………… 58
  任务二　变频器拖动电动机的安装与调试 ……………………………… 71
  任务三　步进电动机的安装与调试 ……………………………………… 90
  任务四　伺服电动机的安装与调试 ……………………………………… 102
  任务五　三轴钻孔机控制电路安装与调试 ……………………………… 116

项目四　YL-156A 型能力测试单元——智能排故板 ……………………… 125

任务一　电气照明电路故障板的检测 ……………………………… 127
任务二　卷帘门电动机电路故障板的检测 …………………………… 131
任务三　风扇电动机电路故障板的检测 ……………………………… 139

参考文献 ………………………………………………………………………… 146

项目一 工厂配用电线路的安装

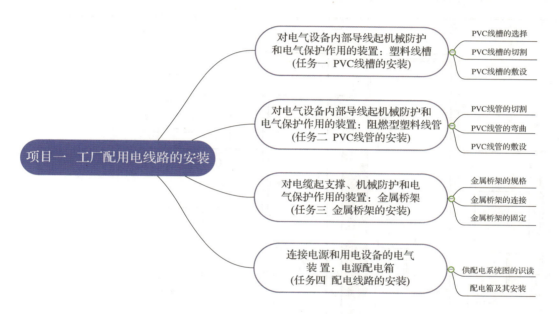

项目引入

在某车间配用电线路敷设的过程中，电源配电箱用于连接电源和用电设备，塑料线槽（PVC 线槽）和塑料线管（PVC 线管）用于对电气设备内部导线进行机械防护和电气保护，金属桥架用于对电缆进行支撑、机械防护和电气保护。

本项目需按照施工图，在 YL-156A 型电气安装与维修实训考核装置上进行 PVC 线槽、PVC 线管、金属桥架的安装固定，并根据提供的供配电系统图进行布线安装。本项目施工图如图 1-1、图 1-2 所示。

项目目标

（1）掌握 PVC 线槽的切割和敷设方式。

（2）掌握 PVC 线管的切割、弯曲及敷设方式。

（3）掌握金属桥架的连接和安装方式。

（4）掌握配电箱的接线工艺。

（5）能够根据工作任务要求选择合适规格的 PVC 线槽。

（6）能够根据工作任务要求完成对 PVC 线槽的敷设。

（7）能够按照工艺规范将 PVC 线管弯曲成所需角度。

（8）能够根据工作任务要求完成对 PVC 线管的敷设。

（9）能够根据工作任务要求选择合适规格的金属桥架。

（10）能够根据工作任务要求对金属桥架进行安装及固定。

（11）能够对金属桥架进行接地处理。

（12）能够识读供配电系统图，并按其要求进行配电箱的安装及接线。

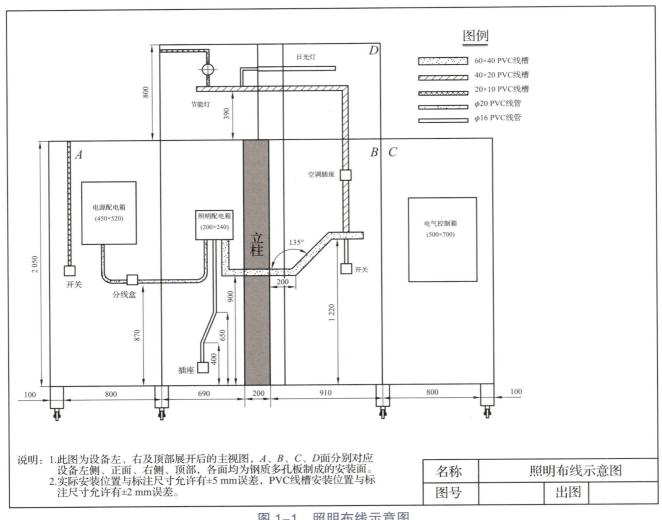

图 1-1　照明布线示意图

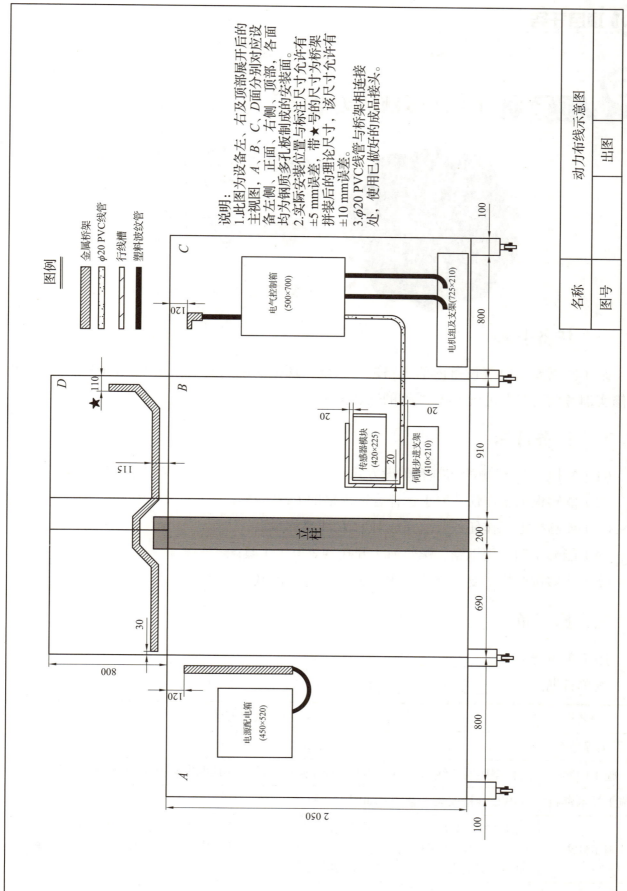

图 1-2 动力布线示意图

项目任务

任务一　PVC 线槽的安装

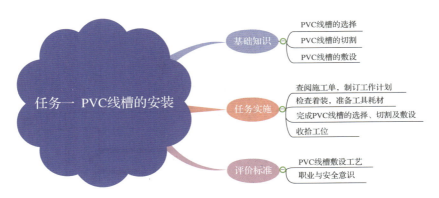

一、任务引入

某车间需要对电气设备内部线路进行敷设，现按照施工要求，在 YL-156A 型电气安装与维修实训考核装置上进行 PVC 线槽的安装固定。

二、任务目标

（1）掌握 PVC 线槽的切割和敷设方式；
（2）能够根据工作任务要求选择合适规格的 PVC 线槽；
（3）能够根据工作任务要求完成对 PVC 线槽的敷设；
（4）能够正确使用钢锯、螺丝刀、开孔器等电工工具；
（5）能够按照施工要求团队协作完成 PVC 线槽的敷设。

三、施工单

施工单编号 No._____

发单日期：_____年____月____日

工程名称	某车间 PVC 线槽安装工程	
工程号	施工日期	
施工内容	根据照明布线示意图和动力布线示意图在墙面或顶棚安装 PVC 线槽及相关附件	
施工技术资料	PVC 线槽安装示意图，如图 1-3 所示	
施工要求	（1）按 GB 50254—2014《电气装置安装工程　低压电器施工及验收规范》进行施工； （2）按 GB 50303—2015《建筑电气工程施工质量验收规范》中的验收标准安装配电线路； （3）安全文明施工，注意施工场地整洁	
备注		

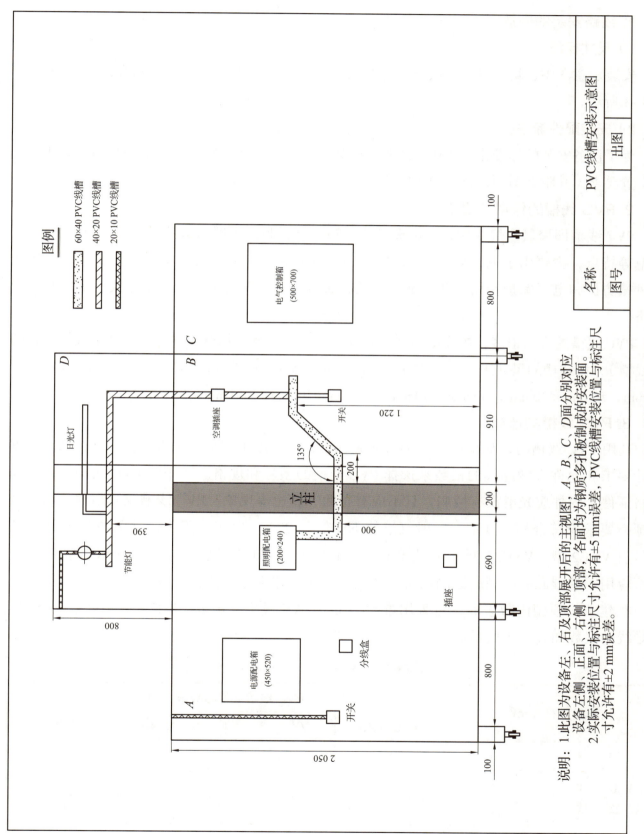

图1-3 PVC线槽安装示意图

四、基础知识

1. 线路安装的表达方式

1）尺寸标注

安装示意图中，均以设备的实际尺寸及设备安装要求尺寸进行标注，如图 1-1、图 1-2 和图 1-3 所示。

2）安装配件标注

为了设备安装的标准化，线槽、线管、桥架等安装器材在安装示意图中均给出了具体尺寸和位置要求，并附上图例，以方便照图施工。

2. PVC 线槽的作用与规格

PVC 线槽即聚氯乙烯线槽，是由聚氯乙烯塑料材料制造成型的，具有绝缘、防弧、阻燃、自熄等特点，主要用于电气设备布线中，在 1 200 V 及以下的电气设备中对敷设其中的导线起机械防护和电气保护作用，并且配线方便、布线整齐、安装可靠，便于查找、维修和调换线路。

PVC 线槽的规格很多，按线槽的厚度来分，有 A 型线槽（加厚型线槽）和 B 型线槽（普通型线槽）；按线槽的尺寸来分，有 20 mm×10 mm，25 mm×15 mm，35 mm×15 mm，40 mm×20 mm，50 mm×30 mm，60 mm×30 mm，60 mm×40 mm，100 mm×50 mm 等。

3. PVC 线槽的选择

选用 PVC 线槽时，如果施工图纸有明确标示，则按施工图纸要求选择即可；否则应根据设计要求和允许容纳导线的根数来选择 PVC 线槽的型号和规格。选用的 PVC 线槽应有产品合格证件，内外应光滑没有棱刺，且不应有扭曲、翘边等现象。PVC 线槽及其附件的耐火及防延燃要求应符合相关规定，一般氧指数不应低于 27%。电气工程中，常用的 PVC 线槽的型号有 VXC2 型、VXC25 型 PVC 线槽和 VXCF 型分线式 PVC 线槽。其中，VXC2 型 PVC 线槽可应用于潮湿和有酸碱腐蚀的场所。弱电线路多为非载流导体，自身引起火灾的可能性极小，在建筑物顶棚内敷设时，可采用难燃型带盖 PVC 线槽，部分 VXC2 型 PVC 线槽允许容纳导线的根数如表 1-1 所示。

表 1-1 部分 VXC2 型 PVC 线槽允许容纳导线的根数

导线规格 /mm²		PVC 线槽规格与导线根数			
		VXC2-25	VXC2-30	VXC2-40	VXC2-50
500V-BV、BLV 型绝缘导线	1.0	9	19		
	1.5	5	10	14	
	2.5	4	9	12	15
	4.0	3	7	9	11

4. PVC 线槽的切割

PVC 线槽可以使用钢锯条和专用点动切割机进行切割,本书只介绍钢锯条切割的方法,如图 1-4 所示。

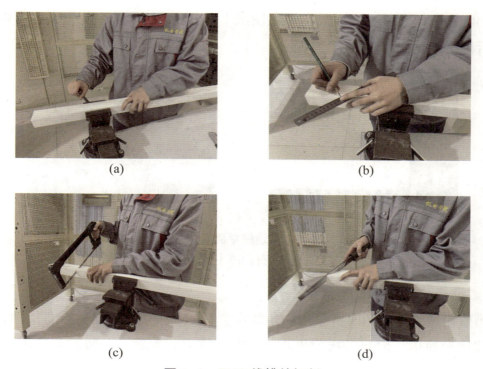

图 1-4 PVC 线槽的切割

(a) 用台虎钳固定 PVC 线槽;(b) 在 PVC 线槽上根据切断角度画出加工线;
(c) 用钢锯沿加工线切断线槽;(d) 用锉刀按角度要求修整切断口毛刺

安装注意点:

(1) 使用台虎钳固定线槽时,要注意夹持的松紧度。夹持太松,PVC 线槽松动无法操作;夹持太紧,PVC 线槽容易变形,甚至损坏。

(2) 钢锯条宜使用粗齿,切割时速度较快,容易把握切割方向。

(3) PVC 线槽拼接缝隙的要求较高(要求拼接缝隙小于 1mm),锉刀修整切断口(去毛刺)时,结合 PVC 线槽设拼接,这是 PVC 线槽安装时难度最大的部分。

5. PVC 线槽的敷设

PVC 线槽的敷设方法比较多,分为直通敷设、平面转弯安装内角敷设、外角敷设、T 形槽敷设等。实际敷设时,需根据图纸要求及施工现场等环境因素灵活应用。

1) 直通敷设

直通敷设是指同规格的两端 PVC 线槽直线拼接。在敷设时,PVC 线槽槽盖应按每段线槽槽底的长度根据需要切断,在切断时槽盖要与槽底错开一些,以保证敷设时槽盖能与槽底错位搭接。

2）平面转弯敷设

PVC 线槽平面敷设时常常遇到直角转弯或任意转弯情形。直角转弯的敷设，需在两段线槽各自的拼接端，先锯出 45° 的切口，然后进行拼接，如图 1-5（a）所示；任意角度转弯的敷设（常用的转弯角度有 120°、135°，或在施工图纸上直接标注位置尺寸），先各自锯出相同的角度切口，然后再拼接，如图 1-5（b）所示。

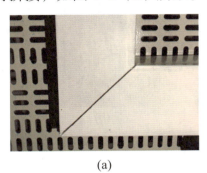 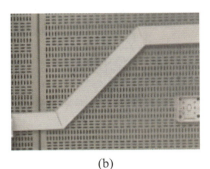

(a)   (b)

图 1-5　PVC 线槽平面直角转弯敷设

（a）直角转弯；（b）任意角度转弯

3）内角敷设

PVC 线槽敷设遇到墙内角时常采用内角敷设，有 45° 拼接和直角叠合拼接两种方式。直角叠合拼接方式比较简单，但是拼接效果不如 45° 拼接方式美观，一般推荐使用 45° 拼接方式，如图 1-6 所示。

4）外角敷设

当 PVC 线槽敷设遇到柱和梁，或者墙面外角转弯时，可采用外角敷设。它可分为 45° 拼接方式和直线拼合方式，一般推荐使用 45° 拼接方式，如图 1-6 所示。

5）T 形槽敷设

同规格 PVC 线槽遇到 T 形槽敷设时，需要在 PVC 线槽上开口，然后再进行连接；不同规格的两段 PVC 线槽需要进行 T 形槽敷设时，小线槽伸入 5~10 mm 的距离，如图 1-7 所示。

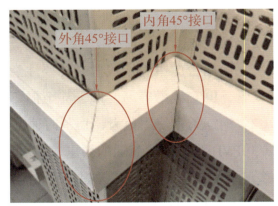

图 1-6　PVC 线槽内角、外角 45° 拼接方式

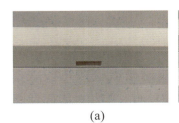 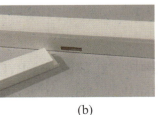 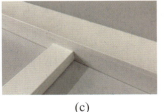 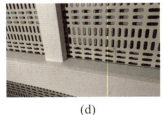

(a)   (b)   (c)   (d)

图 1-7　不同规格 PVC 线槽的 T 形槽敷设

（a）大线槽上开矩形孔；（b）小线槽盖板处理；（c）小线槽插入大线槽；（d）安装效果图

6）PVC 线槽与 PVC 线管的连接

PVC 线槽与线管连接时需在 PVC 线槽上用开孔器开出适当大小的圆孔，然后用 PVC 线管的安装配件与 PVC 线槽进行连接，如图 1-8 所示。

图 1-8　PVC 线槽与 PVC 线管的连接
（a）开孔器；（b）在 PVC 线槽上开孔；（c）开孔后的效果；（d）安装效果图

7）PVC 线槽槽底的固定点间距

PVC 线槽槽底的固定点间距视其规格而定，一般不大于表 1-2 中所列数值。固定线槽时，应从始端到终端在墙壁或顶棚上找好水平或垂直线，用粉袋沿墙壁等处弹出线路的中心线，并根据 PVC 线槽定点的档距要求，标出线槽的固定点。

若在 PVC 线槽中间固定，则固定点应在 PVC 线槽中心线上；若在 PVC 线槽两侧固定，则固定点应在 PVC 线槽两侧保持两条直线。

固定 PVC 线槽时，应先固定两端再固定中间，端部固定点距槽底终点不应大于 50 mm。固定好的槽底应紧贴建筑物表面，布置合理，横平竖直，PVC 线槽的水平度与垂直度允许误差不应大于 5 mm。

表 1-2　PVC 线槽槽底的固定点间距

PVC 线槽形式	PVC 线槽槽底的固定点间距 /mm		
	20~40	60	
固定点形式	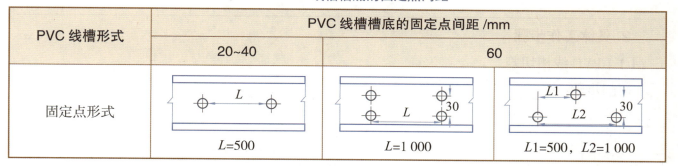		
	$L=500$	$L=1\,000$	$L1=500$，$L2=1\,000$

PVC 线槽敷设的质量要求：

（1）槽板应紧贴建筑物、构建物的表面敷设，且平直整齐；多条槽板并列敷设时，应紧密排列，无明显缝隙；

（2）电线、电缆在 PVC 线槽内不得有接头，导线的分支接头应设置在接线盒内；盖板不应挤伤导线的绝缘层；

（3）PVC 线槽与各种器具的底座连接时，导线应留有余量，底座应压住 PVC 线槽端部；

（4）放线时先将导线放开伸直，从始端到终端边放边整理，导线不得有挤压、打绞、扭结和受损等现象；

（5）强、弱或其他不同电压等级的线路不应同时敷设在同一条PVC线槽内，同一路径且无抗干扰要求的线路，尽可能敷设在同一PVC线槽内；

（6）PVC线槽内电线或电缆的总截面（包括外护套层）不应超过PVC线槽截面积的20%，载流导线不宜超过30根（控制、信号等线路可视为非载流导线）；

（7）PVC线槽在线路的分支处应采用相应的分线盒，PVC线槽槽盖与各种附件相对接时，接缝处应严密平整、无缝隙，槽盖及附件应无扭曲和变形；

（8）PVC线槽敷设完毕，表面应清洁无污染，在安装PVC线槽的过程中应注意保持墙面清洁。

五、工作过程

1. 准备工作

（1）整理着装。

在完成工作任务过程中，必须穿_____、_____和戴_____。

（2）阅读任务书。

认真阅读工作任务书，理解工作任务的内容，明确工作任务的目标。根据施工单及施工图，制订_____。

（3）工具耗材准备。

_____

_____

2. 具体工作步骤

（1）PVC线槽切割。

切割步骤：_____

_____

（2）将PVC线槽固定于图纸要求的位置，如图1-9所示。

（3）重复上述步骤，完成整个PVC线槽的安装，如图1-10所示。

图1-9　固定PVC线槽

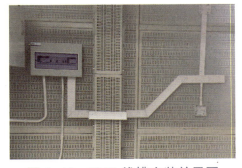

图1-10　PVC线槽安装效果图

六、任务习题

(1) PVC 线槽的规格很多,按其尺寸来分有哪 3 种常用的规格?

(2) 规格不同的 PVC 线槽,其螺钉固定距离的要求是否相同?

(3) PVC 线槽是由什么材料制成的?它有什么作用?

(4) 根据所学内容填写表 1-3。

表 1-3　PVC 线槽安装工作任务评价表

项目	序号	内容	配分	评分标准	得分
PVC 线槽敷设工艺	1	PVC 线槽走向与布局	20	(1) 不按图纸的位置布局,扣 5 分 / 处; (2) PVC 线槽安装位置与图纸尺寸相差 ±5mm 及以上者,扣 2 分 / 处; (3) PVC 线槽不牢固、松动,扣 2 分 / 处	
	2	PVC 线槽固定	25	(1) 40 mm 以上的 PVC 线槽没有并行固定或固定螺钉不在一条直线上或明显松动,扣 2 分 / 处; (2) 固定螺钉间距不符合规范,扣 2 分 / 处	
	3	PVC 线槽工艺	30	(1) 槽板端头未对准电箱出线孔或未处于开关盒、插座盒和灯座的中间位置,扣 2 分 / 处; (2) 未贴柱面或接缝超过 1 mm,扣 2 分 / 处; (3) 弯角角度不正确,扣 5 分 / 处; (4) 未盖盖板,扣 3 分 / 处;盖板未盖到位或盖板接缝超过 1 mm,扣 3 分 / 处; (5) 用错 PVC 线槽终端或未使用,扣 3 分 / 处	
	4	PVC 线槽进盒(箱)工艺	15	(1) PVC 线槽与开关、插座底座连接未入盒,扣 3 分 / 处; (2) PVC 线槽与 PVC 线管连接未使用连接件,扣 3 分 / 处	
职业与安全意识	1	安全操作规程	5	符合要求得 5 分,基本符合要求得 3 分,一般得 1 分(有严重违规可以一项否决,如不听劝阻,可终止操作)	
	2	工具、耗材摆放、废料处理	3	根据情况符合要求得 3 分,有 2 处错得 2 分,有 2 处以上错得 0 分	
	3	工位整洁	2	根据情况,做到得 2 分,未做到扣 2 分	
合计			100		

任务二 PVC 线管的安装

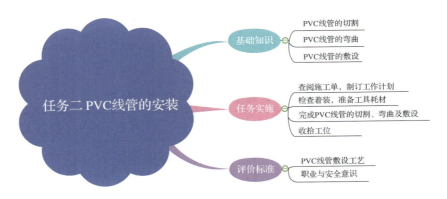

一、任务引入

某车间需要对电气设备内部线路进行敷设，现按照施工要求，在 YL-156A 型电气安装与维修实训考核装置上进行 PVC 线管的安装。

二、任务目标

（1）掌握 PVC 线管的切割和敷设方式。
（2）能够根据工作任务要求选择合适规格的 PVC 线管。
（3）能够根据工作任务要求完成对 PVC 线管的敷设。
（4）能够正确使用钢锯、螺丝刀、PVC 线管剪刀等电工工具。
（5）能够按照施工要求团队协作完成 PVC 线管的敷设。

三、施工单

施工单编号 No._____

发单日期：_____年___月___日

工程名称	某车间 PVC 线管安装工程	
工位号		施工日期
施工内容	按照明布线示意图和动力布线示意图在墙面安装 PVC 线管及相关附件	
施工技术资料	PVC 线管安装位置示意图，如图 1-11 所示	
施工要求	（1）按 GB 50254—2014《电气装置安装工程　低压电器施工及验收规范》进行施工； （2）按 GB 50303—2015《建筑电气工程施工质量验收规范》中的验收标准安装 PVC 线管； （3）安全文明施工，注意施工场地整洁	
备注		

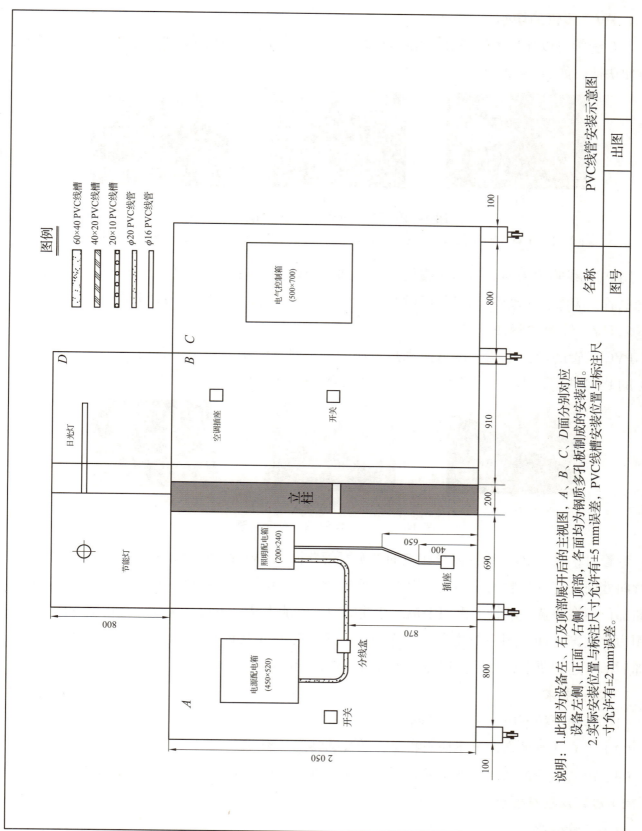

图 1-11 PVC 线管安装示意图

四、基础知识

1. PVC 线管的切割

PVC 线管可以使用钢锯条和专用 PVC 线管剪刀进行切割，使用 PVC 线管剪刀进行切割更为方便快捷，如图 1-12 所示。

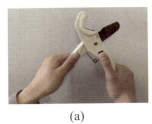 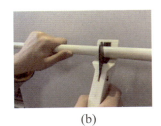 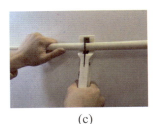

(a) （b） （c）

图 1-12　PVC 线管剪刀的使用方法

（a）打开 PVC 线管剪刀；（b）把 PVC 线管放入刀口内；（c）边转动边切割 PVC 线管

用 PVC 线管剪刀时，应边慢慢转动管子边进行裁剪，这样刀子更容易切入管壁，刀子切入管壁后，应停止转动管子，以保证切口平整，并继续裁剪，直至管子被切断为止。

2. PVC 线管的弯曲

PVC 线管的弯曲方法分冷弯法和热弯法两种，热弯法主要适用于管径比较大（32 mm 以上）的 PVC 线管，本书主要介绍用弹簧式弯管器冷弯的方法，如图 1-13 所示。

 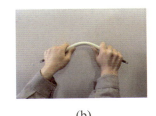 

(a) （b） （c）

图 1-13　弹簧弯管器的使用方法

弯管时，将与 PVC 线管内径相应的弹簧弯管器插入 PVC 线管需弯曲处，两手握住 PVC 线管弯曲处两端有弯簧插入的部位，用手逐渐用力弯出需要的弯曲半径。若手力度不够时，可将弯曲部位顶在膝盖或硬物上再用手扳。弯曲的力度不能太猛，不要一次性就将角度弯出，要逐渐用力，逐渐弯曲，用力与受力点要均匀，一般情况下弯出的角度应比所需弯曲的角度略小，回弹后即可达到要求，最后再将弹簧弯管器从塑料管内抽出。

1）弯管要求

（1）弯曲半径不应小于 PVC 线管外径的 6 倍。

（2）PVC 线管的弯曲处不应有折皱、凹穴和裂缝、裂纹。

（3）PVC 线管的弯曲处弯扁的长度不应大于管子外径的 10%。

2）冷弯法注意要点

（1）长管冷弯。

当弯曲较长的 PVC 线管时，应用铁丝、细绳或稍大直径的塑料护套线系在弹簧弯管器一端的圆环上，以方便弯管完成后将弹簧弯管器拉出。在弹簧弯管器未拉出前，不要用力使弹簧回复，否则容易损坏弹簧。当遇到弹簧不易拉出时，可逆时针转动弹簧弯管器，使其外径收缩，同时向外用力即可拉出。

（2）PVC线管端部弯曲90°或鸭脖子弯。

若要在PVC线管的端部弯曲90°或鸭脖子弯，直接用手弯曲会比较困难，此时可用内径比PVC线管外径略大且长度较长的钢管套在PVC线管被弯部（起省力的作用），一手握住PVC线管，一手扳动钢管，即可弯出长度适当的90°或鸭脖子弯。鸭脖子弯如图1-14所示。

（3）低温下弯管。

若在低温下施工，进行冷弯容易使PVC线管破裂，因此需要用布将PVC线管需要弯曲处摩擦生热后再进行弯曲加工。

3）PVC线管与PVC线管连接

PVC线管之间的连接可以用专门的成品套管来套接，在连接PVC线管两端时须涂上套管专用的胶合剂来粘接，如图1-15所示。

4）PVC线管与盒连接

一般采用成品管盒连接件连接。连接前，选用与PVC线管和盒敲落孔规格对应的管盒连接件。将PVC线管接管盒连接件从盒的敲落孔插入，插入深度宜为PVC线管外径的1.1~1.8倍，连接边应涂上专用的胶合剂，如图1-16所示。

图1-14　鸭脖子弯　　　图1-15　PVC线管之间的连接　　　图1-16　PVC线管与盒连接示意图

PVC线管连接质量要求：

（1）PVC线管与盒（箱）的连接处，应顺直进入，不应使PVC线管斜穿到盒（箱）内；

（2）连接PVC线管的外径要与盒（箱）的敲落孔相一致，管口平整、光滑，一管一孔顺直插入盒（箱）内，在盒（箱）内露出长度应少于5mm；

（3）多根PVC线管进入配电箱时应长度一致，排列间距均匀；

（4）PVC线管与盒（箱）连接应固定牢固，盒（箱）未被用到的敲落孔不应被破坏。

5）PVC线管的敷设

单根PVC线管在室内沿墙壁敷设，一般都使用塑料管卡或塑料开口管卡（小口径管）。塑料开口管卡如图1-17所示，PVC线管管卡的最大间距如表1-4所示。

图1-17　塑料开口管卡

表 1-4　PVC 线管管卡最大间距

敷设方式	管内径 /mm		
	≤ 20	25~40	>50
吊架、支架或沿墙壁敷设间距 /mm	1 000	1 500	2 000

塑料开口管卡用一个螺钉固定，敷设时，先将全线的管卡逐个固定后，配管时再将 PVC 线管从管卡开口处压入即可。塑料管卡要用两个螺钉固定，敷设时要先将管卡一端的螺钉拧进一半，然后将管子置于卡内，再拧入另一个螺钉，最后将两个螺钉拧紧即可，如图 1-18 所示。

(a)

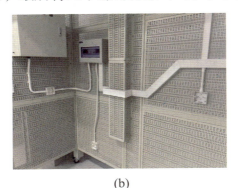
(b)

图 1-18　PVC 线管的敷设
（a）固定塑料管卡；（b）固定 PVC 线管

明配 PVC 线管敷设的质量要求：

（1）PVC 线管管口应平整、光滑，管与管、管与盒（箱）等器件应用插入法连接，连接处结合面应涂胶合剂，接口应牢固封闭；

（2）在明配 PVC 线管穿过楼板时容易受机械损伤的地方，应采用钢管保护，其保护高度距楼板表面的距离应不小于 50 mm；

（3）明配 PVC 线管应排列整齐，固定点间距均匀，管卡间最大距离应符合规定，管卡与终端、转弯中点、电气器具或盒（箱）边缘的距离为 150~300 mm；

（4）鸭脖子弯进盒（箱）的 PVC 线管在进盒（箱）前要有管卡固定，管卡固定孔与盒（箱）边距离为 150~300 mm；PVC 线管不能直接入盒（箱）时必须做鸭脖子弯处理；同一位置多个 PVC 线管入同一个箱体时，鸭脖子弯的形状、位置应一致。

在完成 PVC 线管敷设工作任务时，必须满足以下敷设工艺要求：

（1）PVC 线管走向按图纸的位置布局，安装位置与图纸尺寸相差不超过 ±5 mm；

（2）PVC 线管管径的大小要按图纸要求进行正确选择；

（3）PVC 线管敷设牢固，不松动，管卡固定牢固，PVC 线管要压入管卡中，固定管卡间距要符合规范；

（4）PVC 线管与 PVC 线槽、箱（盒）相连接时要使用连接件，且连接件要紧锁；

（5）PVC 线管入照明配电箱及电气控制箱前，按规范制作鸭脖子弯；

（6）PVC 线管转弯处要转弯圆滑，半径要符合要求，直角转弯的偏差角度不大于 5°；

（7）PVC线管弯曲处无折皱、凹穴或裂缝、裂纹，弯曲处弯肩的长度不大于4 mm；

（8）PVC线管拐弯处两端的固定管卡离转弯处的距离不小于50 mm，且基本对称，距拐弯处的距离偏差小于5 mm；

（9）所有PVC线管表面应干净，无施工的临时标志残留。

阻燃型塑料线管的安装

五、工作过程

1. 准备工作

（1）整理着装。

在完成工作任务过程中，必须穿_____、_____和戴_____。

（2）阅读任务书。

认真阅读工作任务书，理解工作任务的内容，明确工作任务的目标。根据施工单及施工图，做好_____的准备，制订_____。

（3）工具耗材准备。

_____

_____

_____。

2. 具体工作步骤

（1）PVC线管的弯曲。

①线管弯曲步骤：_____。

②根据图纸尺寸，使用PVC线管剪刀剪出适当长度的PVC线管，如图1-19所示。

（2）PVC线管的敷设安装。

①_____。

②_____。

（3）重复上述步骤，将其他的PVC线管按要求安装到位，如图1-20所示。

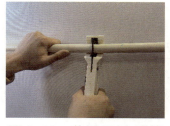

图1-19　剪切PVC线管

图1-20　PVC线管安装效果图

六、任务习题

（1）请总结在完成PVC线管敷设的工作任务时，在工具的使用、敷设的方法和步骤等方面的体会和经验。在安装过程中，遇到了什么困难？用什么方法克服了这些困难？

（2）PVC 线管是由什么材料制成的？它能起什么作用？

（3）PVC 线管安装敷设工艺有哪些？请举例说明。

（4）根据所学内容填写表 1–5。

表 1–5　PVC 线管安装工作任务评价表

项目	序号	内容	配分	评分标准	得分
PVC 线管敷设工艺	1	PVC 线管布线	20	（1）不按图纸的位置布线，扣 5 分 / 处； （2）PVC 线管安装位置与图纸尺寸相差 ±5mm 及以上者，扣 2 分 / 处； （3）线路不牢固、松动，扣 2 分 / 处； （4）PVC 线管未压入管卡中，扣 1 分 / 处	
	2	PVC 线管固定	25	（1）直线两端、转弯处两端、入盒（箱、槽）前端不装管卡固定，扣 4 分 / 处； （2）转弯处两端管卡不对称，或管卡位置与规定不符者，扣 2 分 / 处； （3）PVC 线管直接进盒、箱、槽前的固定管卡位置与规定不符，扣 2 分 / 处； （4）PVC 线管作鸭脖子弯进盒（箱），固定管卡位置与规定不符，扣 2 分 / 处； （5）直线段固定管卡间距不合理、不一致，扣 2 分 / 处（注：直线端、转弯端和入盒（箱）前端固定点三者位置有冲突时，评测标准的次序为：①转弯点；②入盒、箱、槽点；③直线点）	
	3	PVC 线管敷设工艺	30	（1）直角转弯的偏差角度大于 5°，扣 4 分 / 处； （2）PVC 线管的弯曲处有折皱、凹穴或裂缝、裂纹，管的弯曲处弯扁的长度大于规定长度，扣 5 分 / 处； （3）PVC 线管入槽时未用连接件或连接件松动，扣 2 分 / 处	
	4	PVC 线管进盒（箱）工艺	15	（1）不做鸭脖子弯导致线管斜伸进盒（箱），扣 5 分 / 处； （2）PVC 线管进盒（箱）未使用连接件，扣 5 分 / 处；连接件松动，扣 2 分 / 处	
职业与安全意识	1	安全操作规程	5	符合要求得 5 分，基本符合要求得 3 分，一般得 1 分（有严重违规可以一项否决，如不听劝阻，可终止操作）	
	2	工具、耗材摆放、废料处理	3	根据情况，符合要求得 3 分，有 2 处错得 2 分，2 处以上错得 0 分	
	3	工位整洁	2	根据情况，做到得 2 分，未做到扣 2 分	
合计			100		

任务三　金属桥架的安装

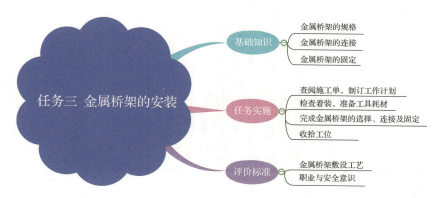

一、任务引入

某车间对电缆进行敷设时需要用到金属桥架，现按照施工要求，在YL-156A型电气安装与维修实训考核装置上进行金属桥架的安装固定。

二、任务目标

（1）掌握金属桥架的连接和安装方式。

（2）能够根据工作任务要求选择合适规格的金属桥架。

（3）能够根据工作任务要求对金属桥架进行安装及固定。

（4）能够对金属桥架进行接地处理。

（5）能够正确使用电动螺丝刀、尖嘴钳、剥线钳等电工工具。

（6）能够按照施工要求团队协作完成金属桥架的安装。

三、施工单

施工单编号 No.＿＿＿＿＿＿＿＿

发单日期：＿＿＿＿＿年＿＿＿月＿＿＿日

工程名称	某车间金属桥架安装工程		
工位号		施工日期	
施工内容	按动力布线示意图在墙面安装金属桥架以及相关附件		
施工技术资料	动力布线示意图，如图1-21所示		
施工要求	（1）按GB 50254—2014《电气装置安装工程　低压电器施工及验收规范》进行施工； （2）按GB 50303—2015《建筑电气工程施工质量验收规范》中的验收标准安装金属桥架； （3）安全文明施工，注意施工场地整洁		
备注			

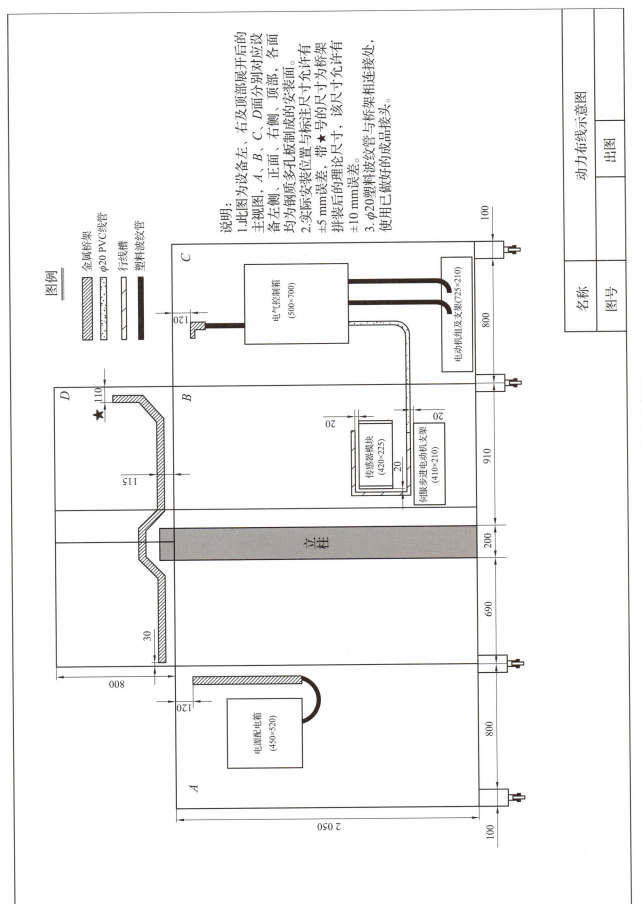

图 1-21 动力布线示意图

四、基础知识

1. 桥架的分类

桥架主要有阻燃型桥架、不锈钢桥架、铝合金桥架及玻璃钢桥架。钢制桥架表面处理主要有喷漆、喷塑、电镀锌、热镀锌、粉末静电喷涂等工艺。

桥架可分为梯式、槽式、托盘式等结构。由托臂、支架、横梁等附件组成。选型时应注意桥架的所有零部件是否符合系列化、通用化、标准化的成套要求。建筑物内桥架可以独立架设，也可以敷设在各种建筑物和管道支架上，应体现造型简单、结构美观、配置灵活和维修方便的特点。若安装在室外或者是临近海边或湿气较重等区域，桥架必须有防腐、耐潮气、附着力好、抗冲击力好等特点。

YL-156A型电气安装与维修实训考核装置所配置是金属桥架，金属桥架具有造型简单、结构美观、配置灵活和维修方便的特点，能真实反映施工现场的敷设安全、维护检修、电缆敷设的要求。

2. 常用金属桥架的规格

在工程设计中，金属桥架的布置应根据经济合理、技术可行、运行安全等因素综合比较，以确定最佳方案，还要充分满足施工安装、维护检修及电缆敷设的要求。金属桥架的规格比较多，很多厂家还可以根据客户需求生产非标准规格的金属桥架。部分常用金属桥架的规格如表1-6所示。金属桥架中电缆填充率不能超过有关标准的规定值，动力电缆可取40%~50%，控制电缆可取50%~70%，另外需预留10%~25%的发展余量。

表1-6 部分常用金属桥架的规格

钢板厚/mm	宽度/mm	高度/mm	钢板厚/mm	宽度/mm	高度/mm
1.0	50	25	1.4	150	75
1.2	100	50	1.6	200	100
1.6	250	125	1.6	300	150
1.6	400	200	2.0	500	200
2.0	600	200	2.0	800	200

3. 金属桥架的连接

1）金属桥架的直线连接

金属桥架之间使用桥架连接板连接，用螺钉紧固，注意螺母应位于桥架外侧，以免刮伤导线绝缘层，如图1-22所示。

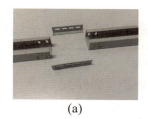 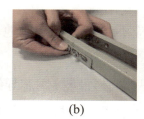 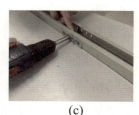

(a) (b) (c)

图1-22 金属桥接的直线连接

（a）金属桥架及连接板；（b）在外侧使用螺母连接；（c）用电动螺丝刀紧固

2）金属桥架的转角连接

金属桥架采用专门的转角连接配件进行转角连接，连接方法与直线连接相同。常用的金属桥架转角连接配件如图 1-23 所示。

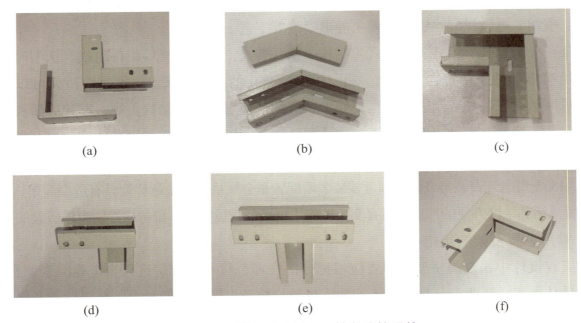

图 1-23　常用的金属桥架转角连接配件

（a）垂直等径上弯通；（b）水平 45° 弯通；（c）水平 90° 弯通；
（d）垂直等径右上弯通；（e）上边垂直等径三通；（f）垂直等径变向弯通

4. 金属桥架与配电柜（箱）连接

金属桥架与配电柜（箱）的连接可采用在配电柜（箱）上直接开孔，用连接件将其固定连接成一体，也可采用波纹管、金属软管、PVC 线管将导线引出再接入配电柜（箱）的方式进行连接。金属桥架通过波纹管与配电箱进行连接如图 1-24 所示。

5. 金属桥架的接地处理

金属桥架及其支撑吊架和引入或引出的金属电缆导管，必须进行可靠的保护接地，且必须符合下列要求。

图 1-24　金属桥架通过波纹管与配电箱进行连接

（1）金属桥架及其支撑吊架全长应不少于 2 处与接地干线相连接，在金属桥架的首端、末端用导线接在接地线上即可。

（2）非镀锌金属桥架间连接板的两端必须跨接铜芯导线或编制导线。

（3）镀锌金属桥架间的连接板的两端可不做接地跨接线，但每块连接板应不少于 2 个防松动螺母或防松动垫圈紧固连接的固定螺栓。

金属桥架的接地处理如图 1-25 所示。

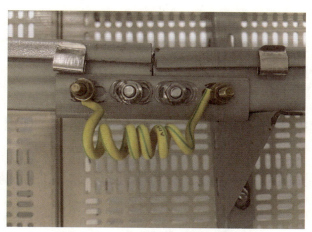

图 1-25 金属桥架的接地处理

6. 金属桥架的固定

金属桥架的固定可分为托臂支撑和吊杆支撑固定两种。吊杆支撑固定如图 1-26 所示，安装效果如图 1-27 所示。

图 1-26 吊杆支撑固定

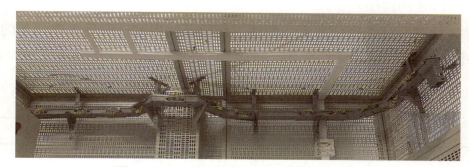

图 1-27 金属桥架的吊杆支撑安装效果

金属桥架吊杆支撑要求：

（1）户内支撑吊架直线段的支撑跨距一般为 1.5~3 m；

（2）非直线段的支撑吊架，应在距非直线段与直线段结合处 300~600 mm 的两侧各设置一个支、吊架；

（3）每段金属桥架上至少有 2 处支撑吊架对其进行固定。

在完成金属桥架敷设工作任务时，必须满足以下敷设工艺要求。

（1）金属桥架走向按图纸的位置布局，安装位置与图纸尺寸相差不超过 ±5 mm。

（2）金属桥架直线段及其附件（含U形托臂、三角托臂、吊杆）等选配正确。

（3）金属桥架与波纹管连接处使用封头，并连接牢靠。

（4）金属桥架之间使用连接片连接，用螺栓连接固定，螺母朝外；连接处没有明显缝隙，所有桥架开口向上或向外。

（5）相邻金属桥架之间用铜螺栓连接接地线，接地线必须固定在两片铜质垫片之间，两端封头接地线必须与接地干线连接。

（6）每段金属桥架都安装4个盖板安装卡，都用盖板盖好，且盖板嵌入安装卡中，盖板之间没有明显缝隙。

（7）三角托臂、U形托臂及吊杆安装牢固，无松动，吊杆安装在金属桥架靠墙侧，其固定位置可以与桥架方向平行或垂直。

安全提示：

在完成工作任务过程中严格遵守电气安装与维修的安全操作规程、必须穿工作服、绝缘鞋和戴安全帽。安全施工，并正确使用人字梯和电动工具。

在作业全过程中，要文明施工，注意工具与器材的摆放、工位的整洁。

五、工作过程

1. 准备工作

（1）整理着装。

在完成工作任务过程中，必须穿_____、_____和戴_____。

（2）阅读任务书。

认真阅读工作任务书，理解工作任务的内容，明确工作任务的目标。根据施工单及施工图，做好_____的准备，制订_____。

（3）工具耗材准备。

_____

2. 具体工作步骤

（1）如图1-28所示，进行桥架、直线和转角的连接。

图1-28　桥架、直线和转角的连接

（2）如图1-29所示，进行桥架的支撑托臂安装。

(a)　　　　　　(b)　　　　　　(c)

图 1-29　金属桥架的支撑托臂安装

（a）_____；（b）_____；（c）_____

（3）如图 1-30 所示，进行_____。

图 1-30　_____

（4）如图 1-31 所示，完成金属桥架的固定。

 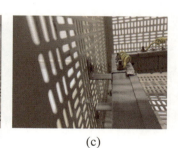

(a)　　　　　　(b)　　　　　　(c)

图 1-31　金属桥架的固定

（a）_____；（b）_____；（c）_____

（5）如图 1-32 所示，按要求做金属桥架与配电柜（箱）的连接，对金属桥架两端进行接地。

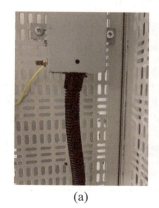 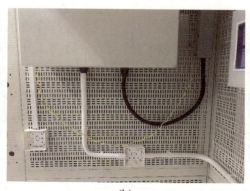

(a)　　　　　　　　(b)

图 1-32　金属桥架端部与接地处理

（a）_____；（b）_____

六、任务习题

（1）请总结在完成金属桥架敷设的工作任务中，在工具的使用、敷设的方法和步骤等方面的体会和经验。在敷设过程中，遇到了什么困难？用什么方法克服了这些困难？

（2）金属桥架的接地处理有哪些要求？

（3）金属桥架之间的连接板（片）应使用哪几种螺栓紧固？各有什么作用？

（4）根据所学内容填写表1-7。

表1-7 金属桥架安装工作任务评价表

项目	序号	内容	配分	评分标准	得分
金属桥架敷设工艺	1	金属桥架走向与布局	20	（1）不按图纸的位置布局，扣5分/处； （2）金属桥架安装位置与图纸尺寸相差±5 mm及以上者，扣2分/处； （3）金属桥架不牢固、松动，扣2分/处	
	2	金属桥架固定	25	（1）吊架数量不足或安装位置错误，吊架歪斜、不牢靠，扣2分/处； （2）墙面固定支架数量不足或安装位置错误，扣2分/处	
	3	金属桥架工艺	30	（1）连接处缝隙超过1 mm、不牢固或少用连接件或少安装螺钉或螺钉没有紧固，扣2分/处； （2）少一块盖板扣2分/处；盖板未盖到位扣1分/处； （3）接地线工艺欠美观、凌乱，扣2分/处； （4）缺少接地线扣2分/处； （5）用错金属桥架终端附件或未使用，扣2分/处	
	4	金属桥架进出线工艺	15	（1）金属桥架进出线未使用波纹管，扣5分/处； （2）金属桥架与波纹管连接处未用连接件或连接件选择不合适，扣3分/处	
职业与安全意识	1	安全操作规程	5	符合要求得5分，基本符合要求得3分，一般得1分（有严重违规可以一项否决，如不听劝阻，可终止操作）	
	2	工具、耗材摆放、废料处理	3	根据情况符合要求得3分，有2处错误得1分，2处以上得0分	
	3	工位整洁	2	根据情况，做到得2分，未做到得0分	
		合计	100		

任务四 配电线路的安装

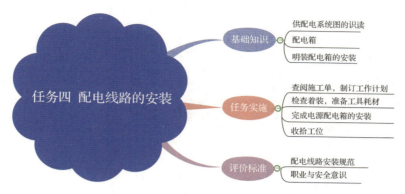

一、任务引入

某车间需要对明装电源配电箱进行安装,现按照施工要求,在 YL-156A 型电气安装与维修实训考核装置上进行电源配电箱的安装固定。

二、任务目标

(1)掌握配电箱的接线工艺。
(2)能够识读供配电系统图。
(3)能够根据工作任务要求完成电源配电箱的安装。
(4)能够正确使用剥线钳、螺丝刀、万用表等电工工具及仪表。
(5)能够按照施工要求团队协作完成电源配电箱的敷设。

三、施工单

施工单编号 No.＿＿＿＿＿＿＿＿
发单日期:＿＿＿＿＿＿年＿＿＿月＿＿＿日

工程名称	某车间配电线路安装工程	
工程号	施工日期	
施工内容	按供配电系统图在电源配电箱内完成配线及其安装	
施工技术资料	供配电系统图,如图 1-33 所示	
施工要求	(1)按 GB 50254—2014《电气装置安装工程 低压电器施工及验收规范》进行施工; (2)按 GB 50303—2015《建筑电气工程施工质量验收规范》中的验收标准安装配电线路; (3)安全文明施工,注意施工场地整洁	
备注		

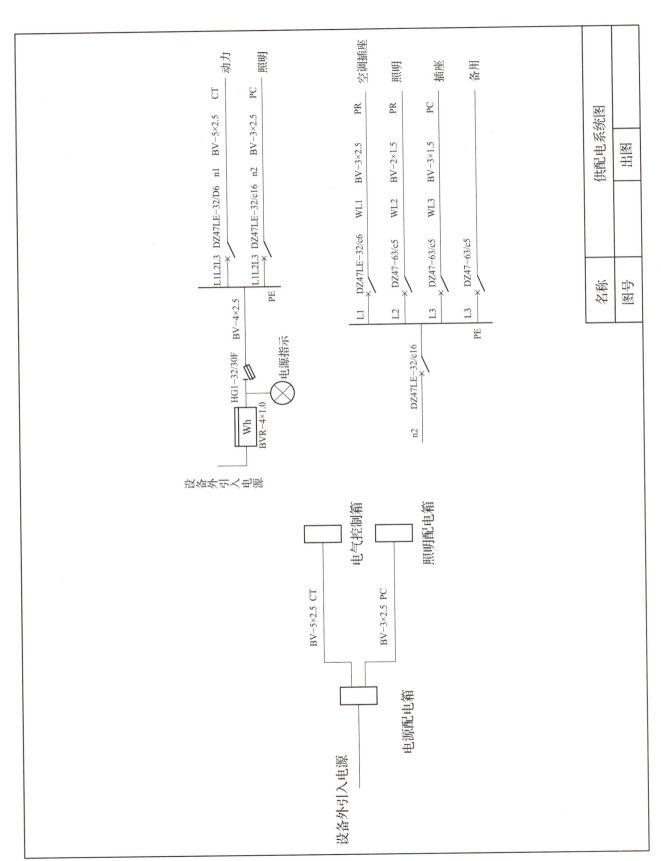

图 1-33 供配电系统图

四、基础知识

1. 供配电系统图的识读

安装示意图中，均以设备的实际尺寸及设备安装要求尺寸进行标注。

供配电系统图应有变配电工程的供配电系统图、照明工程的照明系统图、电缆电视系统图等，它反映了系统的基本组成、主要电气设备、元件之间的连接情况以及线路的规格、型号、参数等。

供配电系统图的阅读方法如下。

（1）熟悉电气图形符号，弄清图形、文字符号所代表的内容。常用的电气工程图形及文字符号可参见国家标准。

（2）针对一套供配电系统图，一般应先按以下顺序阅读，然后再对某部分内容进行重点识读。

①看标题栏及图纸目录。了解工程名称、项目内容、设计日期及图纸内容、数量等。

②看设计说明。了解工程概况、设计依据等；了解图纸中未能表达清楚的各有关事项。

③看设备材料表。了解工程中所使用的设备、材料的型号、规格和数量。

④看系统图。了解系统基本组成，主要电气设备、元件之间的连接关系以及它们的规格、型号、参数等，掌握该系统的组成概况。

⑤看平面布置图。如照明平面图、防雷接地平面图等。了解电气设备的规格、型号、数量及线路的起始点、敷设部位、敷设方式和导线根数等。平面图的阅读可按照以下顺序进行：电源进线总配电箱、干线支线分配电箱电气设备。

⑥看控制原理图。了解系统中电气设备的电气自动控制原理，以指导设备安装调试工作。

⑦看安装接线图。了解电气设备的布置与接线。

⑧看安装大样图。了解电气设备的具体安装方法、安装部件的具体尺寸等。

（3）协调配合阅读各图纸。

对于具体工程来说，为说明配电关系时需要有配电系统图；为说明电气设备、器件的具体安装位置时需要有平面布置图；为说明设备工作原理时需要有控制原理图；为表示元件连接关系时需要有安装接线图；为说明设备、材料的特性、参数时需要有设备材料表等。这些图表各自的用途不同，但相互之间是有联系并协调一致的。在识读时应根据需要，将各图表结合起来识读，以达到对整个工程或具体项目全面了解的目的。

①配电线路的标注。

配电线路的标注用以表示线路的敷设方式、敷设部位与导线规格等，如表1-8所示。

表 1–8 配电线路的标注

类别	序号	名称	符号	类别	序号	名称	符号
常用线路敷设方式的标注	01	沿钢线槽敷设	SR	导线敷设方式的标注	01	直埋	DB
	02	沿柱或跨柱敷设	CLE		02	暗敷设在梁内	BC
	03	沿天棚面或顶棚面敷设	CE		03	暗敷设在墙内	WC
	04	暗敷设在梁内	BC		04	暗敷设在天棚顶内	CC
	05	暗敷设在墙内	WC		05	地板及地坪下	F
	06	暗敷设在不能进入的顶棚内	ACC		06	沿屋架，梁	BE
	07	吊顶内敷设，要穿金属管	SCE		07	电缆沟	TC
	08	沿屋架或跨屋架敷设	BE		08	暗敷设在柱内	CLC
	09	沿墙面敷设	WE		09	沿天棚顶敷设	CE
	10	在能进入人的吊顶内敷设	ACE		10	吊顶内敷设	SCE
	11	暗敷设在柱内	CLC		11	沿钢索	SR
	12	暗敷设在顶棚内	CC		12	沿墙明敷	WE
	13	暗敷设在地面内	FC	灯具安装方式的标注	01	链吊	CS
导线穿管方式的标注	01	焊接钢管	SC		02	墙壁安装	W
	02	塑料硬管	PC-PVC		03	嵌入	R
	03	桥架	CT		04	柱上	CL
	04	钢索	M		05	管吊	DS
	05	PVC 线槽	PR		06	吸顶	C
	06	电线管	MT		07	支架	S
	07	阻燃塑料硬管	FPC				
	08	金属线槽	MR				
	09	金属软管	CP				
	10	镀锌钢管	RC				

配电线路在图上的文字标注的一般格式为：

$$a\text{-}b(c\times d)e\text{-}f$$

式中，a 为线路编号或用途；b 为导线型号；c 为导线根数；d 为导线截面积；e 为导线的敷设方式；f 为导线敷设部位。

例如，BV（$4\times 50+1\times 25$）SC50-BC 表示线路是铜芯塑料绝缘导线，其中 4 根导线截面积为 50 mm^2，1 根导线截面积为 25 mm^2，穿过管径为 50 mm 的钢管暗敷在梁内。

②干线系统图识读。

干线系统图表示的是电源配电箱（柜）与各电气箱（柜）之间的电源分配关系，如图 1-34 所示。

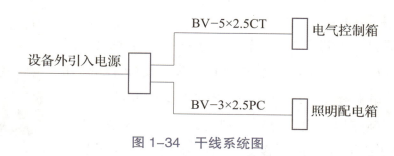

图 1-34　干线系统图

BV-5×2.5 CT 表示电源配电箱与电气控制箱之间连接线路用 5 根截面积为 2.5mm^2（3 根相线、1 根中性线、1 根地线）的铜芯塑料绝缘导线，通过金属桥架连接。金属桥架的规格和安装方式可通过桥架安装示意图明确，此处未标注。

BV-3×2.5 PC 表示电源配电箱与照明配电箱之间连接线路用 3 根截面积为 2.5mm^2（1 根相线、1 根中性线、1 根地线）的铜芯塑料绝缘导线，通过 PVC 线管连接。PVC 线管的规格和安装方式可通过照明安装示意图明确，此处未标注。

③电源配电箱系统图识读。

电源配电箱系统图表示电源配电箱内部各器件的连接关系，如图 1-35 所示。

电源配电箱系统图对内部各部分器件进行了标注，安装时按照标注选择器件进行安装即可；图中对各部分线路用线也进行了规定。

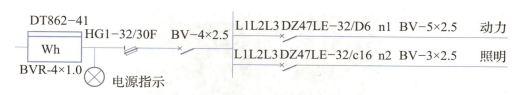

图 1-35　电源配电箱系统图

2. 配电箱及其安装

1）配电箱介绍

配电箱是连接电源和用电设备（接收与分配电能）的电气装置。配电箱内可装设总开关、分开关、计量仪器、短路保护元件（如熔断器）和漏电保护装置等。

配电箱通常由盘面和箱体组成，盘面的制作和安装要以整齐、美观、安全及便于检修为原则。制作非标准配电箱时，应先确定盘面的尺寸，再根据盘面的尺寸决定箱体的尺寸。

配电箱分为电源配电箱和照明配电箱两种。根据安装要求可分为明装式（悬挂式）和暗装式（嵌入式），或半明半暗装式。配电箱箱体一般用铁皮制成，也有用塑料或木料制作的。在本任务中只完成电源配电箱的安装。

电源配电箱一般用钢板弯制焊接而成，内置刀开关、熔断器、自动开关等元件，用于频率50 Hz、电压 500 V 以下的交流三相三线及三相四线电力系统，对所控制电路起不过载和短路保护作用，主要作工厂企业的电力、照明配电用，图1-36为电源配电箱外形。

图1-36　电源配电箱外形

2）配电箱的基本布局

配电箱基本布局是"上进下出"。电源进线从配电盘的上部接入，电源出线从配电盘的下部引出。配电盘的上部一般布置隔离开关、仪表、熔断器，电源线接入隔离开关的电源侧，中间部分一般布置总负荷开关或者断路器（也有分别控制的，如2个分路、3个分路等），目前以断路器居多。配电盘以二级控制居多，其下部一般布置各支路断路器。断路器等的控制方式根据实际需求选择。

3）明装配电箱的安装

（1）确定安装位置。

用电器位置确定后，用方尺找正，画出水平和垂直线，定出每种电器的安装位置。如果电器是用导轨固定，则要先定出导轨的安装位置。

（2）固定元件。

完成定位后，就可对电器元件进行固定，要求位置准确、固定牢固。盘上开关应垂直安装，总开关一般应装在盘面板的右面，电能表应安装牢固、垂直，不可出现纵向或横向的倾斜，否则会影响计量的准确性（当计算负荷电流在30 A及以上时，应装精度为0.5级的电流互感器），如图1-37所示。

图1-37　固定元件

（3）标志与编号。

盘面上电器控制回路的下方，要设好标志牌，标明所控制的回路名称、编号。住宅楼配电箱内安装的开关及电能表应与用户位置对应，若在无法对应的情况下，也要设好编号。

（4）盘内配线。

①盘内配线应在盘面上安装电器元件后进行，配线时应根据电器元件规格、容量和所在位置及设计要求和有关规定，估算好导线截面和长度，剪断后进行配线。不论是盘前或盘后配线，都应做到排列整齐、美观、安全可靠，以便于检修，必要时采用线卡固定，如图1-38所示。

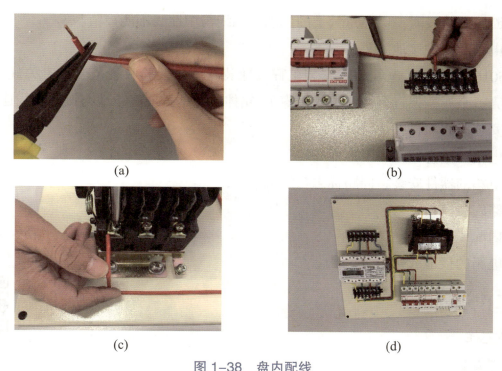

图1-38 盘内配线
（a）将导线弯出直角；(b) 测量走线长度；(c) 固定导线 (d) 导线安装效果图

②电器间的连接线原则上不能有接头，导线与电器元件的螺钉压接必须牢固，压线方向应正确，所有二次线必须排列整齐，导线两端应穿有带明显标记和编号的标号头。电源线的颜色按相序依次为黄、绿、红色，保护接地线为黄绿相间，工作零线为黑色。

③引入与引出线应有适当余量，以便检修，电源与负荷导线引入盘面时应理顺整齐，盘上的配线应沿箱体的周边成把成束，中间不能有接头，多回路间的导线不能有交叉错乱现象。

（5）导线与盘面电器的连接。

①将整理好的导线与电器元件的端子连接，同一端子上连接导线不应超过两根。螺钉固定应有平垫圈、弹簧垫圈。工作零线和保护接地线应在汇流排上采用螺栓连接，不能并头绞接，汇流排上分支回路排列的位置应与开关或熔断器位置对应。

②凡多股铝导线横截面积超过 2.5 mm² 的多股铜芯线，在与电器端子连接时，应焊接或压接端子后再连接，严禁弯成接线圈连接。

③开关、互感器等应上端接电源，下端接负荷或左侧接电源，右侧接负荷。相序应一致，面对开关从左侧起分别为 L1、L2、L3 或 L1（L2、L3）、N。开关及其他元件的导线连接处，既要牢固压紧，又不得损伤芯线。

④要根据额定电流适当选择熔断器。熔断器安装时，要求上端接电源，下端接负荷；横装时应左侧接电源，右侧接负荷。螺旋式熔断器电源线应接在底座中间触点的连接端子上，负荷线接在螺纹的连接端子上。

电能表接线时，单相电能表的电流线圈必须与相线连接，三相电能表的电压线圈不准装熔断器。

⑤漏电断路器接线时，应注意其上的标志，相线与中性线不能接错。

（6）配电箱的保护接地。

按 GB 50169—2016《电气装置安装工程接地装置施工及验收规范》的有关规定，要将电器的金属外壳、金属框架进行接地（或接零）。箱体的接地排应有效地与接地干线连接。

配电箱安装验收项目：

（1）配电箱的垂直偏差、距地面高度；

（2）配电箱的器件安装、回路标志与线端编号；

（3）线路安装；

（4）箱内配线规范；

（5）配电箱的接地或接零。

五、工作过程

1. 准备工作

（1）整理着装。

在完成工作任务过程中，必须穿_____、_____和戴_____。

（2）阅读任务书。

认真阅读工作任务书，理解工作任务的内容，明确工作任务的目标。根据施工单及施工图，做好_____的准备，制订_____。

（3）工具耗材准备。

_____

_____

_____。

配电线路的安装

2. 具体工作步骤

（1）器件安装。

将电源配电箱中的配电盘取出，放置在工作台上，为施工做准备。

将_____、_____、_____按图纸要求选配并安装。

（2）盘内配线。

①根据配电系统图，选择导线的规格和颜色。

②估算导线长度后将其剪断，将导线固定在台虎钳上用工具进行_____。

③用工具将导线_____。根据导线敷设位置量好长度。重复此步骤，完成该导线弯曲制作。

④重复以上操作步骤，继续完成其他导线的弯曲。

⑤用螺丝刀将所有的导线固定在配电盘上。

（3）安装配电箱。

将配电盘装入电源配电箱，完成其他部分的配线。

六、任务习题

（1）请总结在完成电源配电箱接线安装的工作任务中，在工具的使用、敷设导线的方法和步骤等方面的体会和经验。在安装过程中，遇到了什么困难？用什么方法克服了这些困难？

（2）请查阅资料，国产断路器额定电流分几个等级？并说明断路器型号为DZ47-63c63与DZ47-32c32有什么区别？

（3）根据所学内容填写表1-9。

表1-9 电源配电线路安装工作任务评价表

项目	序号	内容	配分	评分标准	得分
电源配电箱安装工艺	1	箱内器件选用和安装	15	选用器件错误或器件位置安装错误，扣4分/处	
	2	箱内线路的连接	45	（1）按供配电系统图的要求，少接或错接线，扣4分/根；（2）所接BV线不横平竖直、有交叉线、外露铜丝过长、有跨接线或压皮或绝缘受损等，扣3分/处；（3）指示灯接线不接，或接线不捆扎，或捆扎不牢固，扣4分	
	3	配电箱与外部的线路连接	30	（1）进出线连接不整齐，或留余量不足，扣2分/处；（2）没有编号或编号不正确，扣1分/处	
职业与安全意识	1	安全操作规程	5	符合要求得5分，基本符合要求得3分，一般得1分（有严重违规可以一项否决，如不听劝阻，可终止操作）	
	2	工具、耗材摆放、废料处理	3	根据情况符合要求得3分，有2处错得2分，2处以上错得0分	
	3	工位整洁	2	根据情况，做到得2分，未做到扣2分	
合计			100		

项目二
照明装置的安装

```
项目二 照明装置的安装
├── 在低压供电系统末端负责完成电能控制、保护、转换和分配的装置：照明配电箱（任务一 照明配电箱的安装）
│   ├── 照明配电系统图的识读
│   ├── 照明平面图的识读
│   ├── 照明配电箱内部线路的连接
│   └── 照明配电箱的安装
└── 提供照明、电气设备用电的装置：灯具、插座（任务二 灯具、插座的安装）
    ├── 灯具的安装
    ├── 开关的安装
    └── 插座的安装
```

项目引入

在对某车间照明线路敷设过程中，用照明配电箱连接电源和照明设备，车间照明需要完成灯具和开关的安装，电气设备用电需要使用插座。

本项目需按照施工图，在YL-156A型电气安装与维修实训考核装置上进行照明配电箱的安装、灯具的安装、开关的安装以及插座的安装固定，并根据提供的供配电系统图进行布线安装。本项目施工图如图2-1~图2-3所示。

项目目标

（1）掌握照明配电系统图和照明平面图的阅读方法。

（2）掌握低压断路器的选择方式。

（3）掌握灯具的安装方式。

（4）掌握开关的安装方式。

（5）掌握插座的安装方式。

（6）了解照明配电箱、灯具和插座安装的国家验收规范、大赛验收标准和大赛评分标准。

（7）能够识读照明配电系统图。

（8）能够识读照明平面图。

（9）能够根据照明配电系统图和照明平面图完成照明配电箱线路的连接。

（10）能够根据照明配电系统图和照明平面图完成灯具、开关和插座的安装。

（11）能够按照验收规范完成照明装置的安装。

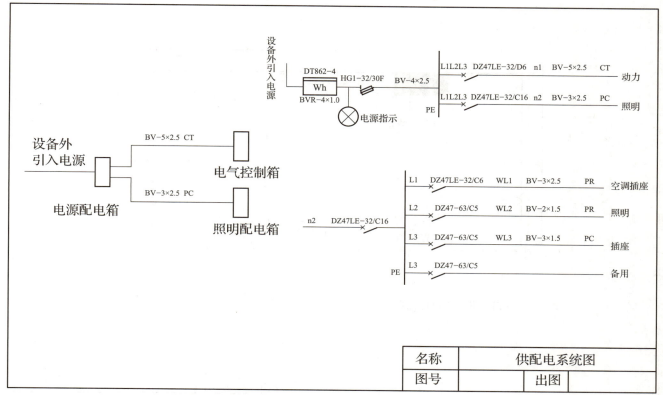

图 2-1　供配电系统图

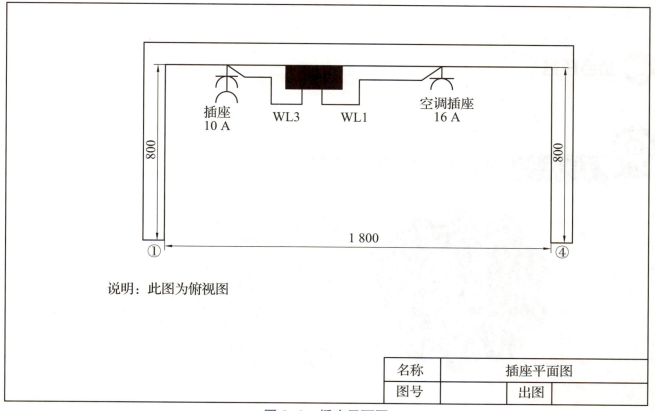

图 2-2　插座平面图

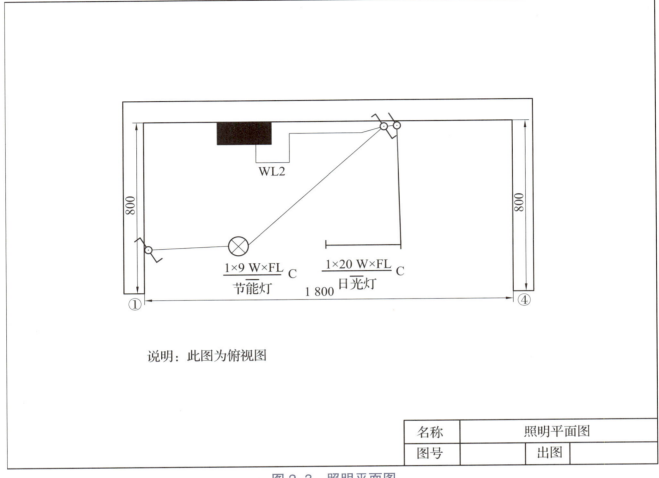

图 2-3　照明平面图

项目任务

任务一　照明配电箱的安装

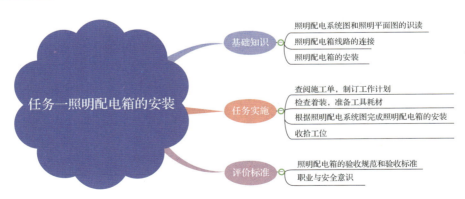

一、任务引入

某车间需要对照明配电线路进行敷设，现按照施工要求，在 YL-156A 型电气安装与维修实训考核装置上进行照明配电箱的安装固定。

二、任务目标

（1）掌握照明配电系统图和照明平面图的阅读方法。
（2）掌握低压断路器的选择方式。
（3）能够识读照明配电系统图。
（4）能够识读照明平面图。
（5）能够根据照明配电系统图和照明平面图完成照明配电箱线路的连接。
（6）能够正确使用剥线钳、螺丝刀、万用表等电工工具和仪表。
（7）能够按照施工要求团队协作完成照明配电箱的安装。

三、施工单

施工单编号 No.＿＿＿＿＿＿＿＿＿

发单日期：＿＿＿＿＿年＿＿＿月＿＿＿日

工程名称	某车间照明配电箱的安装	
工程号		施工日期
施工内容	（1）按照明配电系统图和材料清单选择器件，完成照明配电箱内部指定器件的安装； （2）按照明配电系统图完成配电箱内导线的连接	
施工技术资料	照明配电系统图，如图 2-4 所示	
施工要求	（1）按 GB 50254—2014《电气装置安装工程　低压电器施工及验收规范》进行施工； （2）按 GB 50303—2015《建筑电气工程施工质量验收规范》中的验收标准安装配电线路； （3）安全文明施工，注意施工场地整洁	
备注		

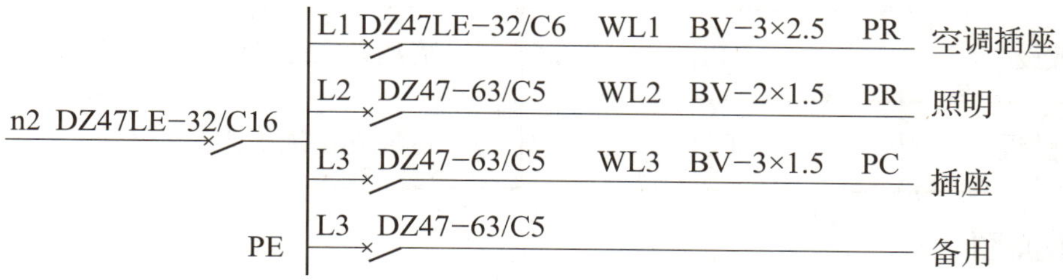

```
                  L1 DZ47LE-32/C6   WL1   BV-3×2.5   PR   空调插座
                  L2 DZ47-63/C5     WL2   BV-2×1.5   PR   照明
n2 DZ47LE-32/C16
                  L3 DZ47-63/C5     WL3   BV-3×1.5   PC   插座
              PE  L3 DZ47-63/C5                           备用
```

图 2-4　照明配电系统图

四、基础知识

1. 照明配电系统图和照明平面图的识读

1）照明配电系统图

照明配电系统图是用图形符号、文字符号表示建筑照明系统供电方式、配电线路分布及相互联系的建筑电气工程图。照明配电系统图反映了照明的安装容量、计算容量、计算电流、配电方式、导线或电缆型号、规格、数量、敷设方式及穿管管径、改款及熔断器的规格型号等。

通过照明配电系统图，可以了解电气照明系统的全貌，它是进行电气安装的主要指导图纸之一。照明配电系统图如图 2-4 所示。

配电系统图中，线路的标注格式为 $a-b-(c \times d)-e-f$。其中，a 为线路编号或用途；b 为导线型号；c 为导线根数；d 为导线截面面积（mm^2）；e 为导线敷设方式或穿管方式；f 为导线敷设部位。

表示导线敷设方式和部位的文字符号如表 2-1 所示。

表 2-1 表示导线敷设方式与部位的文字符号

导线敷设方式与部位	文字符号	导线敷设方式与部位	文字符号
用瓷瓶或者瓷柱敷设	K	沿钢索敷设	M
用 PVC 线槽敷设	PR	沿屋架或跨屋架敷设	AB
用金属线槽敷设	MR	沿墙面敷设	WS
穿水煤气管敷设	RC	沿顶棚面或顶板敷设	CE
穿焊接钢管敷设	SC	暗敷设在梁内	BC
穿电线管敷设	MT	暗敷设在柱内	CLC
用电缆桥架敷设	CT	暗敷设在墙内	WC
用瓷瓶敷设	PL	暗敷设在地面内	FC
用塑料夹敷设	PCL	暗敷设在顶板内	CC

2）照明平面图

照明平面图用图形符号来表示灯具的种类、型号、安装方式及安装位置。照明平面图是电气施工图中的重要图纸之一，如图 2-5 所示。

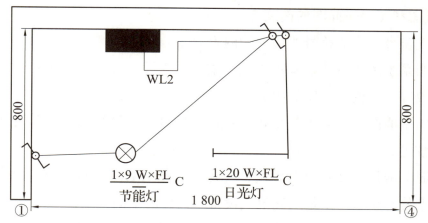

图 2-5 照明平面图

灯具数量、型号，灯具中的光源数量和容量、悬挂高度和安装方式是在灯具的图形符号旁用文字符号标注，其标注形式为：$a\text{-}b\dfrac{c\times d}{e}f$。其中，$a$ 为同类灯具的个数；b 为灯具种类；c 为灯具内安装灯的数量；d 为每个灯的功率（单位为 W）；e 为灯的安装高度（单位为 m）；f 为安装方式。

表示灯具类型和安装方式的文字符号分别如表 2-2 和表 2-3 所示。

表 2-2 表示灯具种类的文字符号

灯具类型	文字符号	灯具类型	文字符号	灯具类型	文字符号
壁灯	B	卤钨探照灯	L	花灯	H
吸顶灯	D	普通吊灯	P	水晶底罩灯	J
防水防尘灯	F	搪瓷伞罩灯	S	荧光灯灯具	Y
工厂一般灯具	G	投光灯	T	柱灯	Z
防爆灯	G 或专用符号	无磨砂玻璃罩万能型灯	W		

表 2-3 表示灯具安装方式的文字符号

灯具安装方式	文字符号	灯具安装方式	文字符号
自在器线吊式	CP	吸顶式	S
固定线吊式	CP1	嵌顶式	R
防水线吊式	CP2	墙壁内安装式	WR
吊线器式	CP3	台上安装式	T
链吊式	Ch	支架安装式	SP
管吊式	P	柱上安装式	CL
壁装式	W	座装式	HM

3）照明系统图和照明平面图的阅读方法

（1）熟悉电气符号，弄清符号所代表的内容。

（2）识读照明系统图了解系统基本组成，主要电气设备、元件之间的连接关系以及它们的规格、型号、参数等，掌握该系统的组成概况。

（3）识读照明平面图，了解电气设备的规格、型号、数量及线路的起始点、敷设部位、敷设方式和导线根数等。

（4）在识图时，应抓住要点进行识读，一是明确各配电回路的路径、管线敷设部位、敷设方式以及导线的型号和根数；二是明确电气设备、器件的平面安装位置。

（5）识读时，施工图中各图纸应协调配合阅读。对于具体工程来说，为说明整个电气设备与器件的具体安装位置需要有电气设备和器件安装位置示意图；为说明配电关系需要有供配电系统图；为说明电气设备、器件的具体安装位置需要有平面布置图；还有说明插座的具体安装位置的插座平面图等，这些图纸各自的用途不同，但相互之间是有联系并协调一致的。在识读时应根据需要，将各图纸结合起来识读，以达到对整个工程或具体项目进行全面了解的目的，读完后头脑中要有一个全面的、完整的照明接线图。

2. 照明装置安装的有关规定

（1）配电箱的箱体必须接地。按 GB 50169—2016《电气装置安装工程 接地装置施工及验收规范》的有关规定，要将电器的金属外壳、框架进行接地（或接零）。箱体的接地线排应有效地与接地干线连接，如图 2-6 所示。

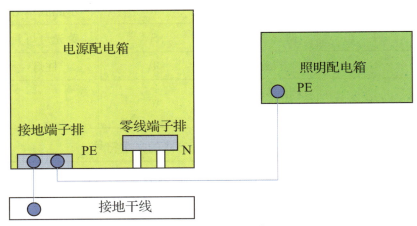

图 2-6 箱体接地

（2）每一个家庭应安装一个总漏电保护开关作为漏电保护作用；各支路装断路器作为过载和短路保护。

（3）每一台空调分为一路，相线、中性线和地线要单独敷设，导线截面积不小于 2.5 mm^2，用断路器作为过载和短路保护控制。

（4）同一个家庭区的照明为一路，卫生间和厨房的插座各为一路，其他房间的插座为一路；导线截面积应能满足负荷要求，照明线截面积不小于 1.5 mm^2，插座线截面积不小于

2.5 mm²；各路均用断路器作为过载和短路保护控制。

（5）断路器的一些常识：按电流从小到大分为 10 A、16 A、20 A、25 A、32 A、40 A、63 A 等 7 个等级；10 A 适用于照明线路，16 A 适用于插座线路，25 A 适用于 2 匹[①] 左右空调或大功率电器，32 A 以上适用于柜式空调或更大功率电器。

3. 照明装置安装应注意的问题

照明回路接线时要先认真阅读各页图纸，做到完全读懂图纸，再按图纸接线。由于照明设备分散在不同的地方，跟它有关的图纸较多，若对照明配电施工经验不多则容易出错。

4. 照明装置安装的验收规范

1）照明配电箱安装的验收规范

（1）动力和照明工程的漏电保护装置应做模拟动作试验用以检验其可靠性。

（2）接地（PE）或接零（PEN）支线必须单独与接地或接零干线相连接，不得串联连接。

（3）照明配电箱（盘）安装应符合下列规定。

①照明配电箱（盘）内配线整齐，无绞接现象。导线连接紧密，不伤芯线，不断股。垫圈下螺钉两侧压的导线截面积相同，同一端子上导线连接不多于 2 根，防松垫圈等零件齐全并压接牢固。

②照明配电箱（盘）内开关动作灵活可靠，带有漏电保护的回路，漏电保护装置动作电流要求不大于 30 mA，动作时间不大于 0.1 s。

③照明配电箱（盘）内，分别设置中性线（N）和保护地线（PE 线）汇流排，中性线（N）和保护地线经汇流排配出。

④位置正确，部件齐全，箱体开孔与套管管径适配，暗装时箱盖紧贴墙面，涂层完整光洁。

⑤照明配电箱（盘）内接线整齐，回路编号齐全，标识正确。

⑥照明配电箱（盘）不得采用可燃材料制作。

⑦照明配电箱（盘）安装牢固，垂直度允许偏差为 1.5%；底边距地面不小于 1.5 m，照明配电板底边距地面不小于 1.8 m。

（4）漏电保护装置，也称残余（元余）电流保护装置，是当用电设备发生漏电时，为避免电击伤害人或动物而迅速切断电源的保护装置，故在安装前或安装后要做模拟动作试验，以保证其灵敏度和可靠性。

（5）每个接线端子上的导线连接不超过 2 根，是为了连接紧密，不会由于通电后因冷热交替等因素而过早在检修期内发生松动，同时也考虑到方便检修，不使因检修而扩大停电范围。同一垫圈下的螺钉两侧压的导线线径均应一致，如不一致，势必导致导线受力不均，对导电不利。

目前，在建筑电气工程尤其是照明工程中，TN-S 系统即三相五线制应用普遍，要求 PE

---

① 匹（HP）是空调机组压缩机的输入电功率。1 匹空调的电功率数据大约是 735.5 W。

线和 N 线截然分开，在照明配电箱内要分设 PE 排和 N 排。不仅在施工时要严格区分，而且今后维修时也要注意不能因误接而失去应有的保护作用。

因照明配电箱额定容量有大小，小容量的出线回路少，仅 2~3 个回路，可以用数个接线柱（如绝缘的多孔瓷或胶木接头）分别组合成 PE 和 N 接线排，但决不允许两者混合连接。

2）电器的外部接线，应符合下列要求

（1）接线应按接线端头标志进行。

（2）接线应排列整齐、清晰、美观，导线绝缘应良好无损伤。固定触头接线端。

（3）电源侧进线应接在进线端，负荷侧出线应接在出线端，即可动触头接线端。

（4）电器的接线应采用铜质或有电镀金属防锈层的螺栓和螺钉，连接时应拧紧，且应有防松装置。

（5）外部接线不得使电器内部受到额外应力。

（6）母线与电器连接时，接触面应符合 GB 50254—2014《电气装置安装工程　低压电器施工及验收规范》的有关规定。成排或集中安装的低压电器应排列整齐；器件间的距离，应符合设计要求，并应便于操作及维护。

（7）电器的金属外壳、框架的接零或接地，应符合 GB 50254—2014《电气装置安装工程低压电器施工及验收规范》的有关规定。

3）配电箱安装验收项目

（1）配电箱的垂直偏差、距地面高度。

（2）照明配电箱的器件安装、回路标志与线端编号。

（3）线路安装。

（4）箱内配线规范。

（5）配电箱的接地或接零。

4）低压断路器的安装

（1）安装前，要检查断路器上标注的型号同图纸上标的型号是否相同，注意型号中的细节，有 LE 或 1P+N 为漏电开关，没有 LE 或有 1P 为断路器。扳动手柄，人工进行通、断多次，检查动作是否灵活，接触是否良好。

（2）在无明确规定时，低压断路器应垂直安装，其倾斜度不得大于 5%；分断时手柄在下方（电路断开），合闸时手柄在上方（电路接通）。

（3）接线时，电源接断路器的输入端，负荷接断路器的输出端，断路器标有"N"的接线端子接中性线。

（4）对于带漏电保护的断路器，安装完毕后，应通过实验按钮检查其动作是否正常，以确保漏电保护的分断能力。

（5）检查带漏电保护的断路器时，不得用兆欧表在断路器的负荷侧测量绝缘电阻，防止兆欧表的高压击穿漏电保护器。线路全部接好后，用万用表检查，最后用兆欧表测电源供电箱输

出侧到照明配电箱的电气控制箱的电源回路的绝缘电阻，如果电源供电箱输出侧有经过漏电开关的，要把漏电开关输出端的接线全部拆开来再测，否则会损坏漏电保护开关。

5）统一接线位置，确保用电安全

由于三相五线制在建筑电气工程中较普遍地得到推广应用，因此中性线和保护地线不能混同，除在变压器中性点可互连外，其余各处均不能相互连通。在插座的接线位置处要严格区分，否则有可能导致线路工作不正常或危及人身安全。

五、工作过程

1. 准备工作

（1）整理着装。

在完成工作任务过程中，必须穿_____、_____和戴_____。

照明配电箱的安装

（2）阅读任务书。

认真阅读工作任务书，理解工作任务的内容，明确工作任务的目标。根据施工单及施工图，做好_____的准备，制订_____。

（3）工具耗材准备。

_____
_____
_____。

2. 具体工作步骤

（1）器件安装。

根据照明配电系统图选择相应的_____，用_____检测其通断情况。

（2）箱内配线。

①选择导线：_____。

②固定导线：_____
_____。

③重复上述步骤完成照明配电箱箱内接线。

（3）安装照明配电箱。

将照明配电箱安装于指定位置。

六、任务习题

（1）请总结完成照明线路安装与调试工作任务的一般步骤。

（2）请说一说照明系统图和照明平面图的阅读方法。

（3）照明配电箱内的各断路器分别对照明灯具、家电插座及空调器等用电设备进行控制，请说一说分别用什么型号规格的断路器进行控制。

（4）根据所学内容填写表 2-4。

表 2-4 照明配电箱安装任务评价表

序号	内容	配分	评分标准	得分
1	照明配电箱的安装	25	（1）内部电气安装从左到右没按图纸顺序，扣 3 分 / 处；期间线管、线槽等不按图纸的位置安装，扣 3 分 / 处；安装不牢固，扣 3 分 / 处； （2）箱体进出线孔大小位置不合适，扣 3 分 / 处； （3）安装位置尺寸与图纸要求相差 ±5 mm 或以上，或者倾斜，扣 2 分 / 处； （4）不做鸭脖子弯导致线管斜伸进电箱，扣 3 分 / 处；线管或线槽进出电箱，连接处理不好，扣 3 分 / 处；连接松动，扣 3 分 / 处	
2	照明配电箱内接线	25	（1）不按图纸要求，接错（漏接），扣 4 分 / 处； （2）接线端漏铜、端子接线超过 2 根，线端压接松动，扣 3 分 / 处； （3）中性线进箱未直接接零线排，底线未直接接地排，扣 4 分 / 处； （4）引入线或引出线接线不留余量，余量不合理，扣 3 分 / 处； （5）相线、零线、地线不按图纸线径要求配线和分色，扣 3 分 / 处； （6）线路不集中归边走线，或线路凌乱，扣 4 分 / 处	
3	通电测试	50	（1）通电后负载没电，扣 25 分； （2）通电后开关不起控制作用，或不符合图纸控制要求，扣 10 分 / 处； （3）通电后输出电压不正常，扣 10 分 / 处； （4）通电后箱内电路若发生跳闸、漏电等现象，可视事故的轻重，扣 24~30 分	

任务二　灯具、开关、插座的安装

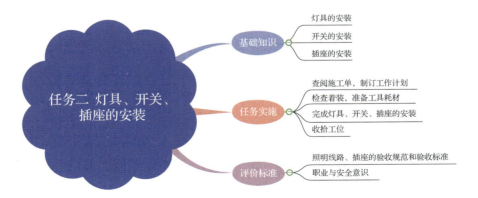

一、任务引入

某车间需要对照明及插座线路进行敷设，现按照施工要求，在 YL-156A 型电气安装与维修实训考核装置上进行灯具、开关、插座的安装固定。

二、任务目标

（1）掌握灯具的安装方式。

（2）掌握插座的安装方式。

（3）掌握开关的安装方式。

（4）能够根据施工要求正确使用电工工具完成照明线路的安装。

（5）能够根据施工要求正确使用电工工具完成插座线路的安装。

（6）能够正确识读照明平面图。

（7）能够正确使用剥线钳、螺丝刀、万用表等电工工具和仪表。

（8）能够按照施工要求团队协作完成PVC线槽的敷设。

三、施工单

施工单编号 No.＿＿＿＿＿＿＿

发单日期：＿＿＿＿＿年＿＿＿月＿＿＿日

工程名称	某车间照明线路及插座线路的安装	
工程号		施工日期	
施工内容	（1）按照明配电系统图（见图2-4）完成灯具和灯开关的规范接线与质量检查； （2）按照明配电系统图（见图2-4）完成插座的规范接线与质量检查	
施工技术资料	照明配电系统图，如图2-4所示； 照明平面图，如图2-7所示	
施工要求	（1）按GB 50254—2014《电气装置安装工程 低压电器施工及验收规范》进行施工； （2）按GB 50303—2015《建筑电气工程施工质量验收规范》中的验收标准安装配电线路； （3）安全文明施工，注意施工场地整洁	
备注		

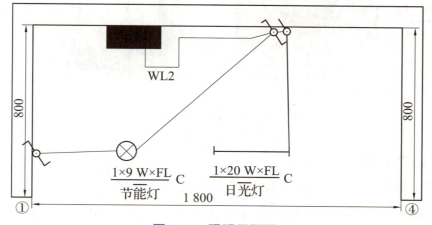

图 2-7　照明平面图

四、基础知识

开关、灯具、插座是人们每日接触最频繁的电气器具之一，安装时要求了解其类型与规格、安装位置与方法及安全要求。

1. 普通灯开关

图 2-8 为普通的单联和双联灯开关，单联灯开关最为常用，有一位到五位灯开关之分，几位表示有几个单独的灯开关。图 2-8 是两位灯开关，即有两个单独的灯开关，可以控制两盏或两路灯。居民家常采用一灯一开关，商业或工业上常常是一个灯开关控制一路灯。双联开关主要用在一个灯需要两地或多地控制的电路中，如楼梯间、洗手间等，两地或多地都可以开灯或关灯。

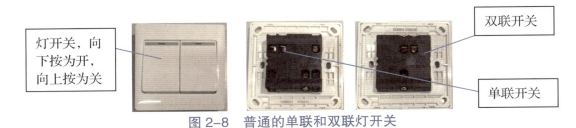

图 2-8　普通的单联和双联灯开关

2. 声光控自动开关

图 2-9 为智能声光控自动开关，型号为 T871，只能控制功率小于或等于 100 W 的灯，它是自动延时电子节能开关，具有节约电能、使用寿命长、无触点、无火花、无污染、安全可靠等特点，特别适用于楼道、家庭阳台、地下室等场所。此开关设计为声音控制方式工作，当光线较暗时，人们发出声音，电灯即点亮，经过 55~75 s 后自动熄灭。电路设计采用光感元件，控制开关只有在夜间或光线较暗的情况下工作，磁开关不适用于节能灯、荧光灯、LED 灯。

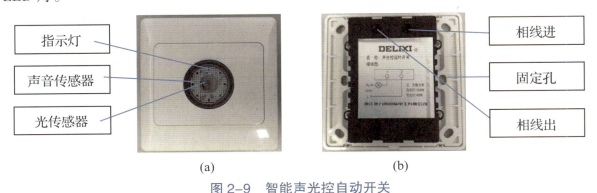

(a)　　　　　　　　　(b)

图 2-9　智能声光控自动开关
（a）正面；（b）背面

3. 智能触摸延时开关

图 2-10 为智能触摸延时开关，同样具有节约电能、使用寿命长、无触点、无火花、无污染、安全可靠等特点，特别适用于楼道、家庭阳台、地下室等场所。它是人体感应触摸开关，用手触摸一下开关金属感应面板，电灯即点亮，经过一段延时后自动熄灭。主要用于楼梯间、

有人上下楼时提供照明，人走后会自动熄灭，节能效果好。智能触摸延时开关亦不能用于控制荧光灯和节能灯。安装时请勿带电操作，其负载也不得大于 100 W。

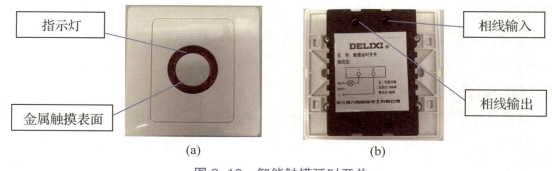

图 2-10　智能触摸延时开关
（a）正面；（b）背面

4. 轻触延时开关

图 2-11 为轻触延时开关，主要适用于楼道、家庭阳台、地下室等场所。人手轻按一下轻触开关，灯就会亮，经延时给定时间后自动熄灭，再按一下灯又亮，继而开始延时。其主要用于楼梯间，有人上下楼时提供照明，人走后会自动熄灭，节能效果好。

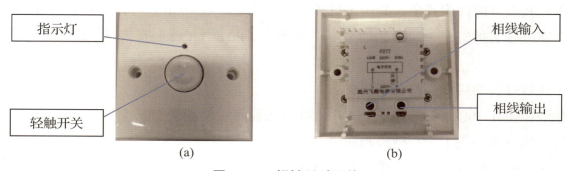

图 2-11　轻触延时开关

5. 灯具及其安装

1）电光源

电气照明是利用电光源将电能转换为光能，在夜晚或自然采光不足的环境中提供的人工照明。合理的电气照明，对于保护视力、减少事故发生、提高工作效率以及美化、装饰环境都具有重要的意义。电气照明主要由供电线路、控制装置和电光源组成。

常用的电光源有热辐射光源和气体放电冷光源两大类。前者是利用电流通过物体（灯丝），使之加热至白炽化状态而辐射发光的原理制成的，常见的有白炽灯、卤钨灯等；后者是电极在电场作用下，通过一种或几种气体或金属蒸气而发光的电光源，如荧光灯、节能灯、高压汞灯、高压钠灯、金属卤化物灯和氙灯等。

2）灯具

灯具就是用来固定电光源器件的装置，其作用是防护电光源器件免受外力损伤；消除或减弱炫光，使光源发出的光线向需要的方向照射；装饰、美化环境。

灯具分为直射照明型灯具、半直射照明型灯具、均匀漫射型灯具、间接照明型灯具或半间接照明型灯具；根据灯具的结构也可分为开启型灯具、密闭型灯具、防爆型灯具等。

3）灯具的安装

灯具的安装方式主要有吸顶式、悬吊式、壁装式、台式、落地式等。灯具的类型及其安装方式的文字符号如表2-2、表2-3所示。

6. 电气照明器具安装工程的验收

（1）当在砖石结构中安装电气照明装置时，应采用预埋吊钩、螺栓、螺钉、膨胀螺栓、尼龙塞或塑料塞固定；严禁使用木楔。当设计无规定时，上述固定件的承载能力应与电气照明装置的质量相匹配。

（2）在危险性较大及特殊危险场所，当灯具距地面高度小于2.4 m时，应使用额定电压为36 V及以下的照明灯具，或采取保护措施。

（3）安装在绝缘台上的电气照明装置，其导线的端头绝缘部分应伸出绝缘台的表面。

（4）电气照明装置的接线应牢固，电气接触应良好；需接地或接零的灯具、开关、插座等非带电金属部分，应有明显标志的专用接地螺钉。

（5）灯具及其配件应齐全，并应无机械损伤、变形、油漆剥落和灯罩破裂等缺陷。

（6）室外安装的灯具，距地面的高度不宜小于3 m；当在墙上安装时，距地面的高度不应小于2.5 m。

（7）螺口灯头的接线应符合下列要求。

①相线应接在中心触头的端子上，中性线应接在螺纹的端子上。

②灯头的绝缘外壳不应有破损和漏电。

③对于带开关的灯头，开关手柄不应有裸露的金属部分。

（8）对于装有白炽灯泡的吸顶灯具，灯泡不应紧贴灯罩；当灯泡与绝缘台之间的距离小于5 mm时，应采取隔热措施。

（9）灯具的安装应符合下列要求。

①吊链灯具的灯线不应受拉力，灯线应与吊链编叉在一起。

②软线吊灯的软线两端应做保护扣；两端芯线应搪锡。

③同一室内或场所成排安装的灯具，其中心线偏差不应大于5 mm。

④日光灯和高压汞灯及其附件应配套使用，安装位置应便于检查和维修。

⑤灯具固定应牢固可靠。每个灯具固定用的螺钉或螺栓不应少于2个；当绝缘台直径为75 mm及以下时，可采用1个螺钉或螺栓固定。

（10）公共场所用的应急照明灯和疏散指示灯，应有明显的标志。无专人管理的公共场所照明宜装设自动节能开关。

（11）每套路灯应在相线上装设熔断器。由架空线引入路灯的导线，在灯具入口处应做防水弯。

（12）当吊灯灯具质量大于 3 kg 时，应采用预埋吊钩或螺栓固定；当软线吊灯灯具质量大于 1 kg 时，应增设吊链。

（13）投光灯的底座及支架应固定牢固，枢轴应沿需要的光轴方向拧紧固定。

（14）开关至灯具的导线应使用额定电压不低于 500 V 的铜芯多股绝缘导线。

（15）安装在同一建筑物、构筑物内的开关，宜采用同一系列的产品，开关的通断位置应一致，且操作灵活、接触可靠。

（16）开关安装的位置应便于操作，开关边缘距门框的距离宜为 0.15~0.2 m；开关距地面高度宜为 1.3 m；拉线开关距地面高度宜为 2~3 m，且拉线出口应垂直向下。

（17）并列安装的相同型号开关距地面高度应一致，高度差不应大于 1 mm；同一室内安装的开关高度差不应大于 5 mm；并列安装的拉线开关的相邻间距不宜小于 20 mm。

（18）相线应经开关控制；民用住宅严禁装设床头开关。

（19）暗装的开关应采用专用盒；专用盒的四周不应有空隙，且盖板应端正，并紧贴墙面。

（20）白炽灯泡发热量较大，若离绝缘台过近，不管绝缘台是木质的还是塑料制成的，均会因过热而易烤焦或老化，导致燃烧，故应在灯泡与绝缘台间设置隔热阻燃制品。

（21）防爆灯具的安装。主要是严格按图纸规定选用规格型号，且不混淆，更不能用非防爆产品替代。各泄放口上下方不得安装灯具，主要因为泄放时有气体冲击，会损坏防爆灯灯具，如管道放出的是爆炸性气体，更加危险。

（22）应急照明是在特殊情况起关键作用的照明，有争分夺秒的含义，只要通电需瞬时发光，故其灯源不能用延时点燃的高汞灯泡等。疏散指示灯要明亮醒目，且在人群通过时偶尔碰撞也不应有所损坏。

7. 插座及其安装

1）插座

插座的作用是为移动式照明电路、家用电器或其他用电设备提供电源，如台灯、风扇、电视机、电冰箱、空调器等。

插座的样式有单相两孔（极）插座、单相三孔（极）插座、三相三孔（极）插座、三相四孔（极）插座等。接线规范要求如下。

（1）单相两孔插座：面对插座的右孔或上孔与相线相连接，左孔或下孔与中性线相连接，俗称"左零右火"或"下零上火"。

（2）单相三孔插座：面对插座的右孔与相线相连接，左孔与零线相连接，上面的孔与保护中性线相连接，俗称"左零右火上保护"。

（3）三相四孔插座：面对插座按逆时针方向依次接相线 L1、L2、L3，上面孔接地线。同一场所的三相插座，接线的相序也应一致。插座的样式及其规范接线要求如图 2-12 所示，常用插座及其图形符号如图 2-13 所示。

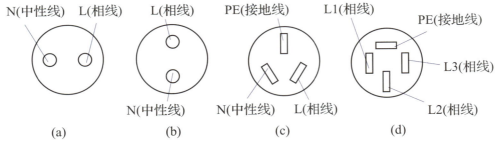

图 2-12 插座的样式及其规范接线要求

（a）单相两孔插座（左、右孔）；（b）单相两孔插座（上、下孔）；
（c）单相三孔插座；（d）三相四孔插座

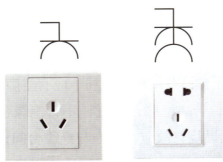

图 2-13 常用插座及其图形符号

2）插座的安装

插座的安装分底盒明装和底盒暗装两种形式，底盒明装又有线管专用和线槽专用之分。底盒安装前要根据照明布线示意图，提前在底盒上开出相应的线管或线槽进出孔。安装时，在线槽与插座底盒相连接时，线槽要插入底盒内，插入深度要符合工艺规范要求；线管与插座底盒相连接时，线管必须使用连接件进行可靠连接。

五、工作过程

1.准备工作

（1）整理着装。

在完成工作任务过程中，必须穿_____、_____和戴_____。

（2）阅读任务书。

认真阅读工作任务书，理解工作任务的内容，明确工作任务的目标。根据施工单及施工图，做好_____的准备，制订_____。

（3）工具耗材准备。

2. 具体工作步骤

根据照明配电系统图（见图 2-4），从断路器 DZ47LE-32/C16 引出线至空调插座（WIL1）；从断路器 DZ47-63/C5 引出线至照明（WL2）；从断路器 DZ47-63/C5 引出线至插座（WL3）。具体布线的方法与步骤如下。

1）荧光灯及节能灯线路布线

（1）从照明配电箱内的 DZ47-63/C5 引出一根火线（红色线）至开关盒，一路分配给左侧开关，另一路分配给右侧开关。

（2）再从左、右侧开关的输出端子分别引出两根火线至荧光灯和节能灯。

（3）从照明配电箱内总断路器 DZ47LE-32/C16 零线输出端子上引出一根零线（蓝色线）分别至荧光灯及节能灯灯头接线柱，完成照明灯线路的连接。

2）空调插座线路布线

同时取红色、蓝色、双色 3 根导线，从照明配电箱内 DZ47LE-32/C16 引出火线和零线，从接地排引出一根地线（双色线），这三根导线连接到空调插座对应的端子上，完成空调插座的接线。

3）插座线路布线

插座的火线从 DZ47-63/C5 引出，零线从 DZ47LE-32/C16 零线端子引出，地线从箱内接地排引出。将这 3 根导线同时连接到插座的相应接线端子上，完成插座线路的布线。

4）整理

将开关板、插座等安装固定好；将线槽板盖好；整理施工现场、施工痕迹。

六、任务习题

（1）在完成照明线路安装与调试工作任务中，你遇到了什么困难？用什么方法克服了困难？

（2）单相三孔插座的接线有什么规定？

（3）解释下面符号的含义。

① DZ47LE-32/C16（3P+N）； ② DZ47LE-32/D6（3P+N）； ③ DZ47LE-32/C6（1P+N）； ④ DZ47-63/C6（1P）； ⑤ BV（2×1.5）PVC16-CE； ⑥ BV（3×2.5）PVC16-WC。

（4）根据所学内容填写表 2-5。

表 2-5　灯具、开关、插座安装工作任务评价表

序号	内容	配分	评分标准	得分
1	灯具和开关插座的安装	20	（1）不按图纸的位置安装，扣 3 分 / 处； （2）安装位置尺寸与图纸要求相差 ±5mm 或者以上者；或倾斜者，扣 3 分 / 处	

续表

序号	内容	配分	评分标准	得分
2	PVC 线管或 PVC 线槽工艺	20	（1）PVC 线槽进盒或灯具底座时，底槽未伸入盒或底座内，或槽盖边与盒边间隙大于 1 mm 者，扣 3 分 / 处；PVC 线槽盖插入或槽底插入长度偏离要求，扣 3 分 / 处； （2）PVC 线管、PVC 线槽安装要横平竖直，连接处规范合理，螺钉固定要牢固，手摇不松动，不符合要求的扣 3 分 / 处	
3	灯具、开关、插座接线	20	（1）相线、中性线、接地线不按图纸线径要求配线和分色，扣 3 分 / 处； （2）接线端处漏铜超过 3 mm，扣 3 分 / 处； （3）接线不留 150~200 mm 余量，扣 3 分 / 处； （4）导线端子没拧成一股绳或压接不牢，扣 2 分 / 处	
4	通电测试	40	（1）通电后带指示灯插座的指示灯不发光，扣 10 分 / 处； （2）通电后开关不起控制作用，或不符合图纸控制要求，扣 15 分 / 处； （3）通电后插座电压不正常扣 20 分； （4）通电后检查插座零线、底线错位，扣 20 分	

项目三
三轴钻孔机控制电路安装与调试

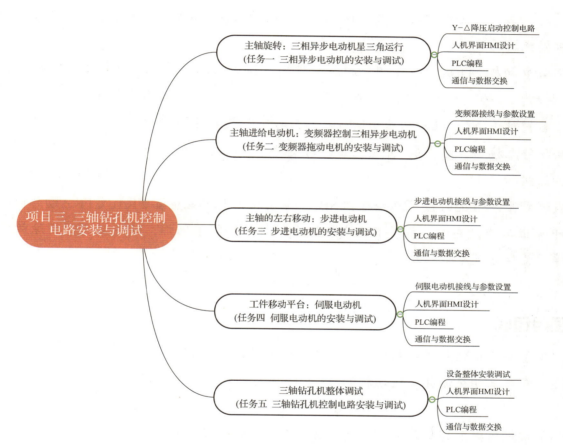

项目引入

某三轴钻孔机的主轴旋转由一台型号为 YS5021 的三相异步电动机 M1（星三角）拖动；主轴进给电动机是一台型号为 YS5024、带离心开关的三相异步电动机 M2 通过变频器拖动，并实现多速运行；主轴的左右移动由步进电动机 M3 拖动；工件移动平台由伺服电动机 M4 拖动。所有电动机顺时针方向为正转，钻床外观如图 3-1 所示。

本项目设备的控制要求如下。

1. 设备调试

设备电气控制原理图如图 3-2 所示。开始运行前将旋钮开关 SA1 旋转到右位开始调试，

图 3-1 钻床外观

同时设备指示灯 HL1 常亮。可分别对主轴电动机 M1、主轴进给电动机 M2、步进电动机 M3、伺服电动机 M4 进行调试和检查。

主轴电动机 M1 调试：按下启动按钮 SB2 或触摸屏主轴开始工作，按下停止键 SB3 或触摸屏后主轴停止工作。

主轴进给电动机 M2 调试：在相应的选择框内，选择好方向和速度，按下启动按钮（触摸屏）电动机开始工作，按下停止按钮（触摸屏）电动机停止工作。

步进电动机 M3 调试：在相应的选择框内，第一次按下启动按钮（触摸屏）时电动机开始转动，第二次按下启动按钮（触摸屏）时电动机停止工作；当按下停止按钮（触摸屏），电动机停止转动。

伺服电动机 M4 调试：在相应的选择框内，按下正转按钮，接着按下启动按钮（触摸屏），电动机开始运行，按下行程开关 SQ1 电动机停止运行；按下反转按钮，接着按下启动按钮（触摸屏），电动机开始反向运行，接着按下行程开关 SQ2 电动机停止运行；电动机运行时按下停止按钮（触摸屏），无论正转与反转电动机都停止转动。

2. 保护和停止

当遇到紧急情况时按下急停按钮 SB1、电动机过载热继电器 FR1 或 FR2 动作时，设备将立即停止工作，同时，设备指示灯 HL2 以 1 Hz 的频率闪烁，HL1 熄灭；排除故障或松开急停开关后方可重新启动。

项目目标

（1）了解三轴钻孔机控制电路电力拖动特点及控制要求。

（2）掌握三相交流异步电动机的 Y-△降压启动控制的工作原理分析方法、结构及运动形式。

（3）掌握变频器的工作原理、使用方法和参数的设置。

（4）掌握步进电动机的工作原理、使用方法和参数的设置。

（5）掌握伺服电动机的工作原理、使用方法和参数的设置。

（6）能识别三轴钻孔机控制电路的接线图和电气原理图。

（7）能根据接线图选用不同型号螺丝刀独立完成电气线路连接。

（8）能依据电气原理图，使用万用表等电工工具完成线路的主电路断路、主电路短路和控制电路检测。

（9）能合作完成三相交流异步电动机的 Y-△降压 PLC 控制程序的编制。

（10）能合作完成变频器的多段调速应用与 PLC 编程。

（11）能合作完成步进电动机的应用与 PLC 编程。

（12）能合作完成伺服电动机的应用与 PLC 编程。

项目三 三轴钻孔机控制电路安装与调试

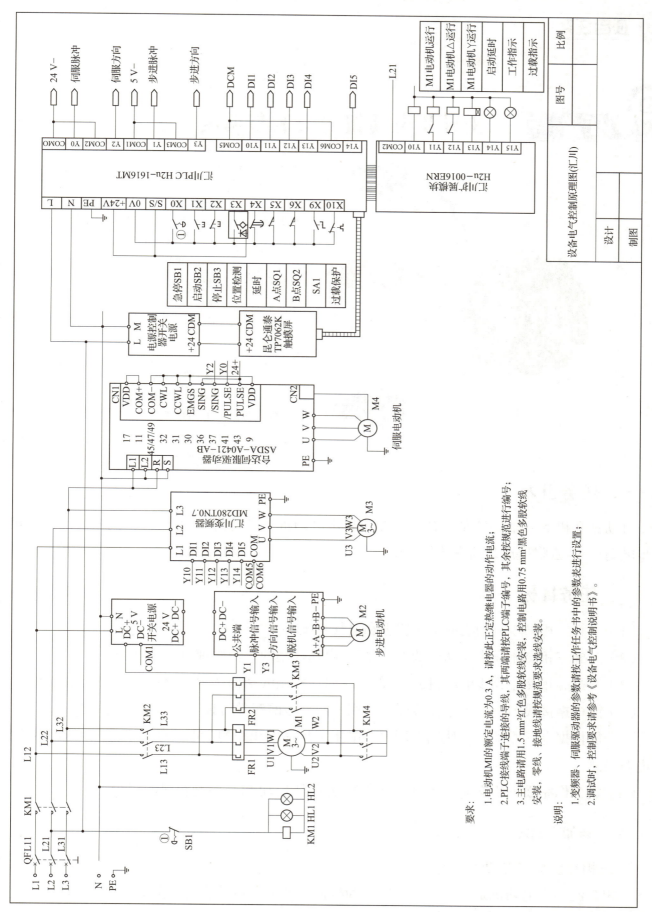

图 3-2 设备电气控制原理图

项目任务

任务一 三相异步电动机的安装与调试

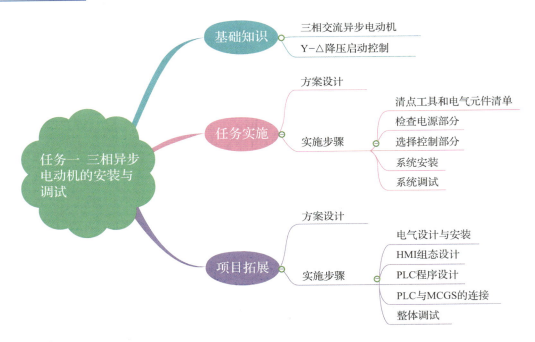

一、任务引入

自动钻孔机的主轴旋转是一台三相交流异步电动机,启动为Y-△运行,现在请设计三相异步电动机Y-△降压启动的安装与调试。

二、任务目标

(1)了解三相异步电动机的工作原理和电气系统。
(2)掌握三相交流异步电动机的Y-△降压启动控制的工作原理与分析方法。
(3)掌握三相交流异步电动机的Y-△降压启动控制的结构及运动形式。
(4)能根据接线图并能依据接线图,选用不同型号的螺丝刀独立完成电气线路连接。
(5)能依据电气原理图,使用万用表等电工工具完成线路的主电路断路、主电路短路和控制电路检测。
(6)能合作完成三相交流异步电动机的Y-△降压启动PLC控制程序的编制。

三、基础知识

1.三相交流异步电动机

三相交流异步电动机是一种将电能转化为机械能的电力拖动装置,主要由定子、转子和它们之间的气隙构成。通电后，会在铁芯中产生旋转磁场，通过电磁感应在转子绕组中产生感应电流，转子电流受到磁场的电磁力作用后产生电磁转矩，并使转子旋转。三相交流异步电动机的外观和结构如图3-3所示。

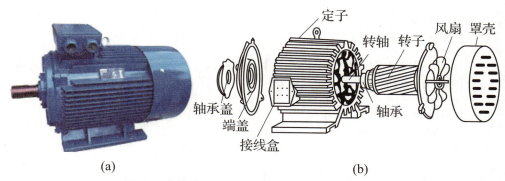

图3-3 三相交流异步电动机的外观和结构
（a）外观；（b）结构

三相异步电动机按转子结构形式可分为鼠笼式电动机和绕线式电动机。

三相异步电动机按机壳防护形式可分为开启式电动机（价格便宜，散热条件最好，由于转子和绕组暴露在空气中，因此只能用于干燥、灰尘很少又无腐蚀性和爆炸性气体的环境）、防护式电动机（通风散热条件也较好，可防止水滴、铁屑等外界杂物落入电动机内部，只适用于较干燥且灰尘不多又无腐蚀性和爆炸性气体的环境）和封闭式电动机（适用于潮湿、多尘、易受风雨侵蚀，有腐蚀性气体等较恶劣的工作环境，应用最普遍）。3种电动机的外观如图3-4所示。

图3-4 按机壳防护形式分类的3种电动机的外观
（a）开启式电动机；（b）防护式电动机；（c）封闭式电动机

三相异步电动机按安装结构形式可分为卧式电动机、立式电动机、带底脚电动机和带凸缘电动机。

三相异步电动机按机座号可分为小型电动机（0.6 kW，1~9号机座）、中型电动机（100~1 250 kW，11~15号机座）和大型电动机（1 250 kW以上，15号以上机座）。

鼠笼式三相异步电动机常见的启动方式有直接启动、定子串电阻启动、Y-△启动、串自耦变压器启动、延边三角形启动，几种启动方法的适用范围和特点如表3-1所示。

表 3-1 几种启动方法的适用范围和特点

启动方法	适用范围	特点
直接启动	额定功率小于 10 kW 的电动机	不需要启动设备，但启动电流大
定子串电阻启动	适用于中等额定功率的电动机，启动次数不太多的场合	线路简单、价格低、电阻消耗功率大，启动转矩小
Y-△启动	额定电压为 380 V，正常工作时为△接法的电动机，轻载或空载启动	启动电流和启动转矩为正常工作时的 1/3
串自耦变压器	额定功率较大的电动机，要求限制对电网的冲击电流	启动转矩大，设备投入成本较高
延边三角形启动	适用于定子绕组特别设计的电动机	兼取星形连接启动电流小、三角形连接启动转矩大的优点

2. Y-△降压启动控制

Y-△降压启动是指电动机在启动时降低加在定子绕组上的电压，启动结束时再加额定电压运行的启动方式。降压启动虽能降低电动机的启动电流，但由于电动机的转矩与电压的平方成正比，因此降压启动时电动机的转矩较小。此法一般适用于电动机空载或轻载启动。

Y-△降压启动控制电路如图 3-5 所示。Y-△降压启动控制是对电动机进行低、高速切换运行而设计的，用手按下启动按钮后电动机得电运行，接触器 KM1、KM3（Y）和通电延时继电器 KT 线圈得电，电动机 Y 型低速运行；当 KT 延时一段时间后，其动断触点断开，KM3（Y）停止运行，同时 KT 动合触点闭合，KM1、KM2（△）线圈得电，电动机△型高速运行；按下停止按钮后，控制回路失电，电动机停止运行。

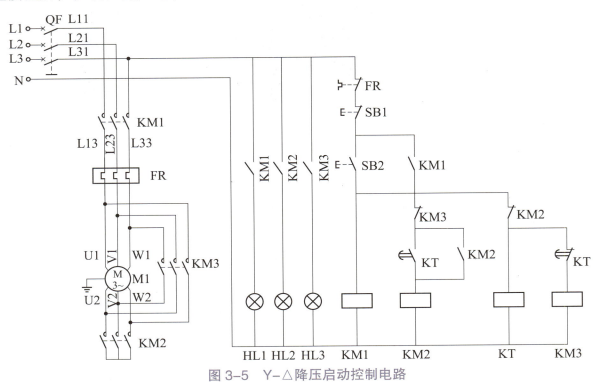

图 3-5 Y-△降压启动控制电路

闭合开关 QF，按下启动按钮 SB2，KM1、KM3 和 KT 线圈得电，主触点闭合，电动机 Y 型转动，灯 HL1、HL3 亮，延时一段时间后，KT 动作，KM3 失电，KM2 得电，最后 KT 失电，灯 HL1、HL2 亮。

按下停止按钮 SB1，KM1、KM2 线圈立刻失电，KM1、KM2、KM3 和 KT 的各个触点复位，电动机停止转动。

四、任务实施

1. 方案设计

三相异步电动机安装与调试

钻床主轴旋转由一台三相交流异步电动机拖动，控制面板上有两个按钮，在正常运行时按下绿色按钮（SB2），钻床主轴 Y 型降压启动，主轴低速运行，定时器开始计延时；延时结束后，自动停止 Y 型启动，切换到 △ 型全压运行；如果在 Y/△ 运行中按下红色按钮（SB1），主轴停止运行。

2. 实施步骤

1）清点工具和电气元件清单

在工作时必须配备电工工具和机械安装工具。请各组学生根据表 3-2 和表 3-3 所列的工具清单和电气元件清单仔细核对所配工具的型号、用途、规格、数量和质量。

表 3-2 工具清单

工具	规格要求	数量/个
剥线钳	硬度 46~52HRC	1
压线钳	SLD-301/301H	1
尖嘴钳	铬钒合金钢、铁丝 φ1、铜丝 φ2	1
斜口钳	得力 DL2206	1
螺丝刀	一字、十字（大、中、小）	6
万用表	数字万用表	1
测电笔	KT8-690、110~250 V	1

表 3-3 电气元件清单

名称	电气代号	型号	数量/个
三相异步电动机	M	YS5021	1
组合开关	QS	DZ47LE-32	1
熔断器	FU1	RT18-32	3
熔断器	FU2	RT18-32	2
交流接触器	KM	CJX2-09	3

续表

名称	电气代号	型号	数量/个
时间继电器	KT	JSX2-09	1
热继电器	FR	NR2-25	1
按钮	SB	LA68B	2
接线端子排	XT1	TD-15A	1

2）检查电源部分

在实训设备右下方，有一航空插座，从外部航空插头接入 380 V 三相五线制交流电源（U、V、W、N、PE），给本实训设备进行供电。在实训场所布置好电源，接入航空插头后设备就可以开始使用了。

3）选择控制部分

本项目电气控制部分主要使用的是交流接触器、热继电器、按钮、指示灯、电动机等元器件。在本实训设备中元件遵守电气柜设计规范要求进行选用，并合理布置和使用。

交流接触器的选用原则：作为通断负载电源的设备，应满足被控制设备的要求。除额定工作电压与被控设备的额定工作电压相同外，被控设备的负载功率、使用类别、控制方式、操作频率、工作寿命、安装方式、安装尺寸以及经济性是选择的重要依据。本设备选用的型号为 CJX2-09 的交流接触器。

热继电器的选用原则：主要用于保护电动机，在电动机发热烧坏前，热继电器必须动作。所以基本按照电动机额定电流选择，热继电器最小电流<电动机额定电流<热继电器最大电流，最好接近中间位置。本设备选用的型号为 NR2-25 的热继电器。

4）系统安装

在认识并准备好上述电器元件后，就可以开始电动机 Y-△ 降压启动控制电气系统的安装与调试了，器件布局和安装接线的步骤示范如表 3-4 所示，接线时注意安装规范和接线工艺要求。

表 3-4　系统安装步骤

序号	安装内容	安装要点
1	主电路电源	从按钮盒引出电源，三相五线制电源接入导线的线色与线径
2	接触器主回路	接触器排列位置间隙 1 cm，三相电源接入导线的线色与线径
3	控制电动机	电动机外壳接地，三相电源接入导线的线色与线径
4	控制回路（按钮指示灯）	从按钮指示灯接线端子引线，外露导线用缠绕管包扎
5	控制回路（接触器、时间继电器）	导线最短路径布入线槽，时间继电器延时时间设定

5）系统调试

在完成电气系统安装后，开始调试，分为通电前调试和通电后调试，具体要求如表3-5所示。通电时，必须征得指导老师同意，在指导老师的监护下进行通电测试。

表 3-5　系统调试要求

通电前调试	（1）首先进行自检，按照电路原理图或接线图，逐段核对接线端子连接是否正确，线路间绝缘是否良好。有无漏接、错接，端子是否拧紧。 （2）检查主电路时，可以利用绝缘工具，手动模拟接触器受电线圈励磁吸合时的情形来进行检查
通电后调试	（1）首先合上 QS，观察或用万用表和验电笔检查电路是否完好，熔断器是否正常。但不得带电检查线路是否正确。 （2）然后按下启动按钮 SB2，接触器 KM1、KM3、KT 得电吸合，电动机 Y 型运转，延时一段时间后，KM3 失电，KM2 得电，KT 失电，电动机转为△型运转。仔细观察电动机运行是否正常。 （3）按下停止按钮 SB1，KM1、KM2 失电，电路全部复位，电动机停止运行
	若出现故障，必须先切断电源，由学生独立排查故障；若要再次通电，必须在指导老师监护下进行

学生把测试数据记录到表3-6中（以"1"代表得电，"0"代表失电）。

表 3-6　运行记录表

	按下 SB2	延时后	按下 SB1	运行中按下 FR
接触器 KM1				
接触器 KM2（△型）				
接触器 KM3（Y型）				

五、任务拓展

1. 方案设计

用 PLC 控制代替传统继电器 – 接触器控制，这种方式在机床改造、自动生产线改造中为常用技术。PLC 控制具有功能强，性能价格比高；硬件配套齐全，用户使用方便，适应性强；可靠性高，抗干扰能力强；系统的设计、安装、调试工作量少；编程方法简单；维修工作量少，维修方便；体积小，能耗低等优势。

系统设计要求要保留原主电路，用人机界面 HMI（触摸屏）给出主控信号，选用继电器型输出 PLC 作为控制器，控制继电器 – 接触器电路。系统解决方案框图如图3-6所示。

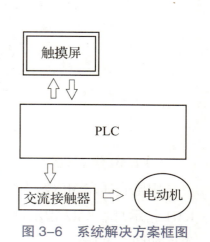

图 3-6　系统解决方案框图

2. 实施步骤

1）电气设计与安装

I/O 地址分配如表 3-7 所示。

表 3-7　I/O 地址分配表

输入信号		输出信号	
停止按钮 SB1	X0	接触器 KM1	Y0
启动按钮 SB2	X1	接触器 KM2（△型）	Y1
FR 辅助触点	X2	接触器 KM3（Y 型）	Y2

保留原主电路（含电动机），PLC 的 L、N 端供电电源为 220 V 交流电源，PLC 的继电器型输出 Y0~Y2 控制 3 个接触器线圈，输出回路为 220 V 交流电源，必须连接接触器互锁。具体做法是在△型、Y 型接触器中互串一个对方的动断触点，可以防止接触器因故障而造成电源短路，电气原理图如图 3-7 所示。

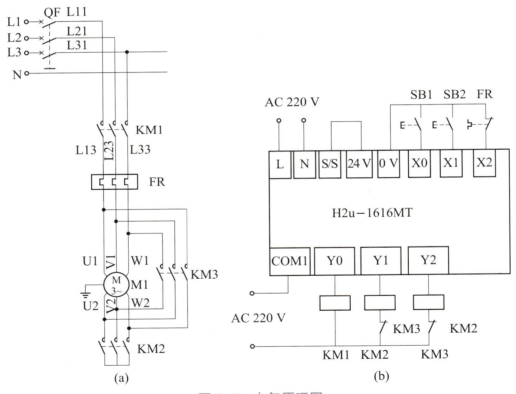

图 3-7　电气原理图
（a）主电路；(b) PLC 控制电路

2）HMI 组态设计

用昆仑通态 MCGS 人机界面 HMI（触摸屏）给出主控信号，主要包括启动按钮、停止按钮、KM1 指示灯、KM2 指示灯、KM3 指示灯、电动机、设定延时时间等信号。HMI 组态设计参考界面如图 3-8 所示。

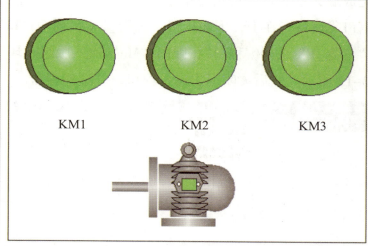

图 3-8 HMI 组态设计参考界面

组态设计时，触摸屏与 PLC 连接地址数据分配如表 3-8 所示。

表 3-8 触摸屏与 PLC 连接地址数据分配表

HMI 功能	PLC 关联元件	HMI 功能	PLC 关联元件
启动按钮	M0	接触器 KM1	Y0
停止按钮	M1	接触器 KM2（△型）	Y1
延时时间	D0	接触器 KM3（Y 型）	Y2

昆仑通态 TPC7062Ti 使用北京昆仑通态自动化软件科技有限公司的组态软件（MCGS7.7 嵌入版）。首先打开 MCGS 组态软件，单击"文件"→"新建工程"，设置触摸屏型号、背景色、网格宽高等，如图 3-9 所示。

项目新建完成后，单击"设备窗口"，如图 3-10 所示。双击"设备窗口"，在窗口空白处右击"设备工具箱"，在左侧查找并双击以添加设备"通用串口父设备"和"三菱_FX 系列编程口"，如图 3-11 所示。

图 3-9 新建工程设置

图 3-10 设备窗口选择

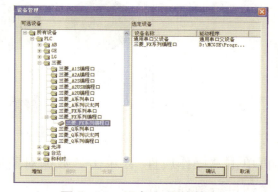

图 3-11 设备工具箱管理

设置完成后，依次在设备组态里添加"通用串口父设备"和"三菱_FX系列编程口"，其中"通用串口父设备"在上，下面挂接"三菱_FX系列编程口"子设备驱动，如图3-12所示。

双击"三菱_FX系列编程口"，弹出"Mcgs嵌入版组态环境"对话框，单击"是（Y）"按钮，如图3-13所示。然后关闭退出设备窗口，并选择存盘。

图3-12 通信驱动选择

图3-13 通信参数选择

进入"用户窗口"，选择"新建窗口"，右击"窗口0"，单击"属性"，修改窗口名为"三相异步电动机控制"，如图3-14、图3-15所示。

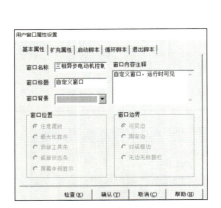

图3-14 新建窗口

图3-15 设置窗口名称

单击工具栏中的标签，输入文字"三相异步电动机的安装与调试"。设置字体属性，如图3-16所示。

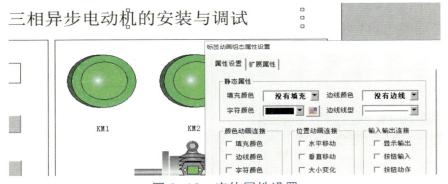

图3-16 字体属性设置

再单击"操作属性"，单击"数据对象值操作"下拉列表框，选择"按1松0"，单击"确认"按钮进行数据关联，如图3-17所示。

单击工具栏中的标准按钮,在组态界面上单击一下,拖动至合适位置。双击该按钮,在"文本"中输入"启动按钮",背景颜色默认,如图 3-18 所示。

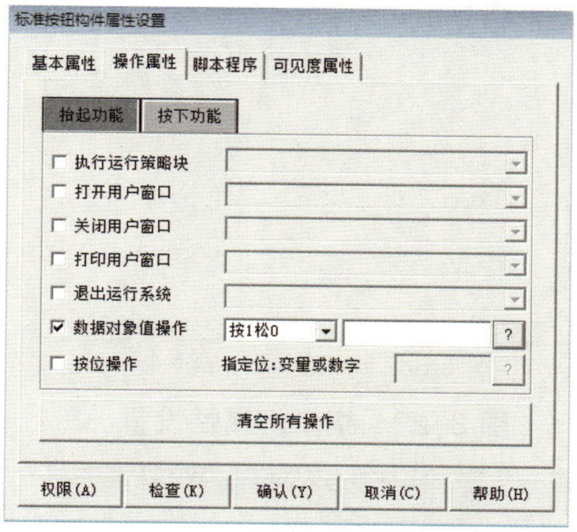

图 3-17 启动按钮外观设置

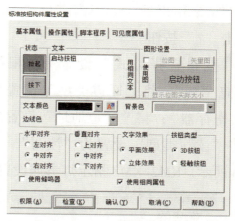

图 3-18 按钮数据对象值设置

单击"根据采集信息生成"单选按钮,将"通道类型"设置为"M 辅助寄存器";将"通道地址"设置为"0";将"读写类型"设置为"读写",如图 3-19 所示。单击"确认"退出设置。停止按钮参照启动按钮设置,把通道地址改为"1"。

图 3-19 数据变量设置

设置延时时间的输入框:单击工具栏中的输入框,在组态界面上单击一下,拖动至合适位置。双击该输入框,选择"操作属性",单击进行数据关联,如图 3-20 所示。

将"变量选择方式"设置为"根据采集信息生成",将"通道类型"设置为"D 数据寄存器";将"数据类型"设置为"16 位无符号二进制数";将"通道地址"设置为"0";将"读写类型"设置为"读写",如图 3-21 所示。

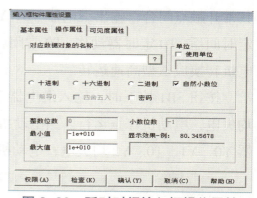

图 3-20 延时时间输入框操作属性

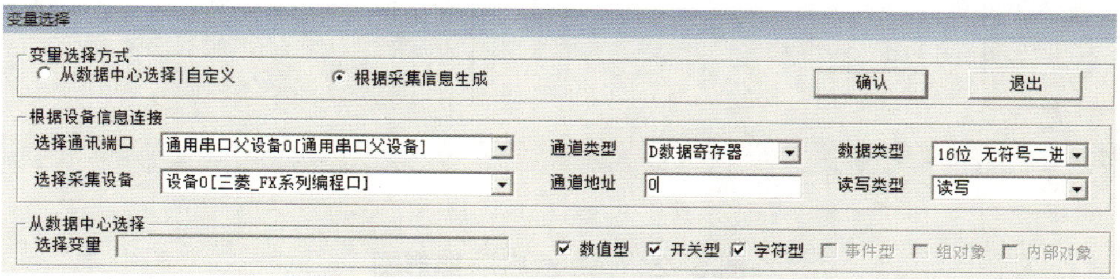

图 3-21 输入框变量选择

设置KM1线圈指示灯：从工具栏的矩形中插入元件，单击指示灯，单击"填充颜色"，如图3-22所示。单击进行数据关联，单击"?"按钮。

将"变量选择方式"设置为"根据采集信息生成"，将"通道类型"设置为"Y输出寄存器"；将"通道地址"设置为"0"；将"读写类型"设置为"读写"，如图3-23所示。KM2、KM3指示灯参照设置。

图3-22 指示灯属性设置

图3-23 变量连接

3）PLC程序设计

首先打开AutoShop V4.0.50编程软件（或GX Works2编程软件）。创建新工程，选择H2U（FX2U）系列PLC，编写PLC程序。在原来Y-△接触器控制电路的基础上，主要修改控制回路部分。图3-24为Y-△启动梯形图，在电路中，Y型低转速延时时间可以由PLC内部定时器完成，不再需要外接通电延时继电器。此时，当启动按钮SB2按下时，输入继电器X1得电，其常开触点闭合，输出继电器Y0、Y2及定时器T0得电，电动机Y型低速运转；当延时D0设定时间后，T0定时器动作，T0常闭触点断开，常开触点闭合，使Y2线圈失电，Y1线圈得电，电机转换成△型高速运转。

按钮SB1按下时，输入继电器X0得电，其常开触点闭合，输出继电器Y0、Y1、T0、Y2均失电，电动机停止运行。当电动机过载时，热继电器FR动作，X2常闭触点断开，输出继电器Y0、Y1、T0、Y2均失电，电动机停止运行。

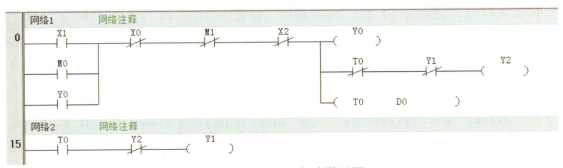

图3-24 Y-△启动梯形图

4）PLC 与 MCGS 的连接

触摸屏接口如图 3-25 所示，接口说明如表 3-9 所示，引脚定义如表 3-10 所示。

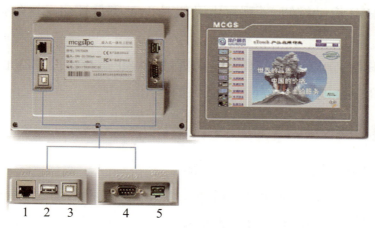

图 3-25 触摸屏接口

1—以太网；2—USB1；3—USB2；4—COM；5—电源

表 3-9 接口说明

项　　目	TPC7062KX
COM（DB9）	1×RS232，1×RS485
USB1	主口，USB1.1 兼容
USB2	从口，用于下载工程
电源接口	24 V DC ± 20%

表 3-10 引脚定义

接　　口	PIN	引脚定义
COM1	2	RS232 RXD
	3	RS232 TXD
	5	GND
COM2	7	RS485+
	8	RS485-

触摸屏与汇川 PLC 的编程口连接（三菱下载线 RS-232）。

5）整体调试

（1）下载 PLC 程序到 FX3U 可编程控制器。

（2）下载组态界面到触摸屏。

（3）连接好触摸屏和 PLC 的通信线。

（4）设置触摸屏上的 Y-△启动的延时时间 D0。

（5）按下 SB2（HMI 启动按钮），观察电动机是否 Y 型低速启动；是否能从 Y 型低速切换到△型高速运行。

（6）按下 SB1（HMI 停止按钮），观察电动机是否停止运行，接触器是否全部复位。

（7）手动测试 FR 热继电器是否起到过载保护作用。

六、任务习题

（1）电机降压启动的方法有（　　　）。

　　A. Y-△启动　　　　B. 自耦变压器启动　　　C. 串电抗器启动　　　D. 变频器启动

（2）适用于绕线转子异步电动机的启动方法为（　　　）。

　　A. Y-△启动法　　　B. △-Y 启动法　　　　C. 自耦减压启动法　　D. 串电阻启动法

（3）接触器按其线圈的电源类型以及主触点所控制主电路电流的种类，分为_____接触器和_____接触器。

（4）异步电动机的制动方式可分为_____和_____两大类。

（5）三相异步电动机常用的降压启动方法有_____、_____和_____等。

（6）异步电动机采用 Y-△降压启动只适用于额定接法是△接法的电机。（　　）

（7）三相笼形电机都可以采用 Y-△降压启动。（　　）

（8）用 Y-△降压启动时，启动电流为直接采用△联结时启动电流的 1/2。（　　）

（9）根据所学内容填写图 3-26。

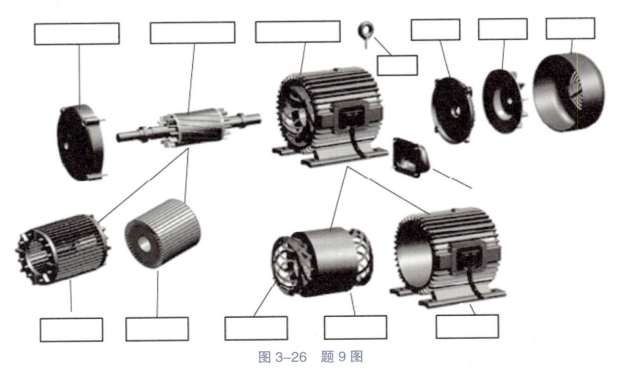

图 3-26　题 9 图

（10）根据所学内容填写表 3-11。

表 3-11　三相异步电动机安装与调试工作任务评价表

序号	内容	配分	评分标准	得分
1	电箱内主要器件选择	5	（1）少用器件或用错器件，扣 1 分 / 件	
2	线路连接	30	（1）少接线，或多接线，或接错线，或接线不牢，或外露铜丝过长，扣 3 分 / 根； （2）中性线未通过接零排，或地线不经过地线排，扣 5 分 / 处； （3）由于接错线或接线工艺差引起电气控制电路部分跳闸，则该项不得分；如果引起整个设备跳闸，则该大项不得分	
3	接线工艺	25	（1）箱内连接的 BVR 线未入线槽，或未盖盖板，扣 1 分 / 处； （2）导线未用接线端子，或未编号，扣 1 分 / 处	
4	器件参数设置	5	未按要求设置参数或参数设置错误，扣 1 分 / 处	
5	设备功能调试	25	（1）操作不正确，扣 3 分 / 处； （2）不能启动设备运行，该项不得分； （3）操作正确时功能不符合设备要求，扣 3 分 / 处；如果是接线错误造成的，则还需要扣线路连接分	
6	安全操作规程	5	符合要求得 5 分，基本符合要求得 3 分，一般得 1 分（有严重违规可以一项否决，如不听劝阻，可终止操作）	
7	工具、耗材摆放、废料处理	3	根据情况，符合要求得 3 分，有 2 处错得 1 分，2 处以上错得 0 分	
8	工位整洁	2	根据情况，做到得 2 分，未做到扣 2 分	

任务二　变频器拖动电动机的安装与调试

一、任务引入

自动钻孔机的主轴进给电动机是一台型号为 YS5024、带离心开关的三相异步电动机 M2，其工作过程如图 3-27 所示。通过变频器拖动其正、反转，实现多速运行，在 A、B、C 范围内移动，现在请设计变频器拖动电动机的安装与调试。

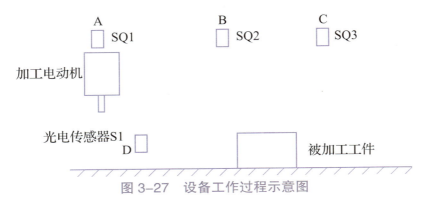

图 3-27 设备工作过程示意图

二、任务目标

（1）了解变频器的工作原理和电气系统。

（2）掌握变频器控制电动机的多段调速控制的方法。

（3）能根据接线图选用不同型号螺丝刀独立完成电气线路连接。

（4）能依据电气原理图，使用万用表等电工工具完成线路的主电路断路、主电路短路和控制电路检测。

（5）能合作完成变频器拖动电动机的 PLC 控制程序的编制。

三、基础知识

1. 变频器的工作原理

变频器是将交流工频电压，进行整流逆变后，输出所需要频率的驱动控制装置，能够简单、方便地改变交流电动机转速。变频器就是通过改变电动机电源频率来实现速度调节的，是一种理想的高效率、高性能的调速手段。

使用变频器来进行电动机调速，还可减小启动电流对设备的冲击，在风机和水泵等设备的控制上可以节能；同时还可以提升设备控制系统的性能，如同步驱动、多点传动等。

有些生产设备中需要更高的电动机运转速度，如纺织机械，则需要提供高于 50 Hz 的电源频率，那么利用变频器就很容易产生高达 300 Hz 的输出频率。因电动机的转速 n 与频率 f 成正比，当频率 f 在 0~300 Hz 的范围内变化时，可实现的电动机转速调节范围非常宽。电动机同步转速表达式为

$$电动机同步转速\ n_0 = \frac{120 \times 频率\ f}{电动机极对数\ p}$$

常见的变频器的主电路由整流、滤波、逆变等3个部分组成，如图3-28所示。

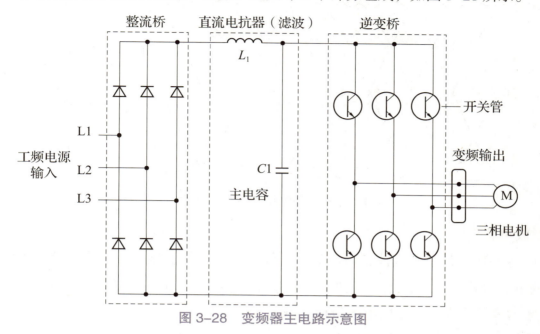

图 3-28　变频器主电路示意图

这是一种"交－直－交"的变换方式，利用电容提供稳定的电压支撑。为了保证系统的正常工作，还会增加辅助电源、控制电路、电流检测与保护、上电软启动、制动等辅助电路。典型的变频器主电路示意图如图3-29所示。

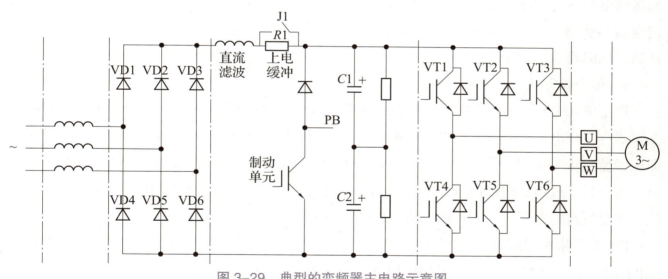

图 3-29　典型的变频器主电路示意图

1）整流电路

整流单元由6只整流二极管组成三相全桥整流电路，将电源的三相交流全波整流成直流。对于小容量的单相输入型变频器，则只需4只整流二极管。

经整流桥整流过的直流电压波形如图3-30所示。由于在一个周期之内有6个直流脉动电压波形，因此整流过程又称为六脉动整流。

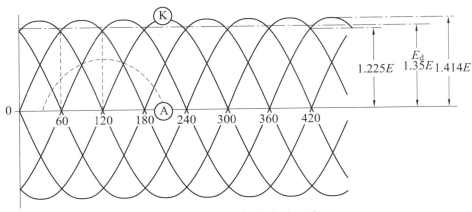

图 3-30　整流电路脉动示意图

2）滤波电容 C_1、C_2

滤波电容的功能是滤平全波整流后的电压纹波。当负载变化时，能使直流电压保持平稳。C_1、C_2 的电容也称主电容，这里将两个同容量的电容串联，是为了提高滤波储能回路的耐压水平。变频器容量越大，所配的电容量也就越大。

3）缓冲电阻 R_1 与接触器触点开关 J1

在变频器上电的瞬间，滤波电容 C_1、C_2 上的充电电流比较大。过大的冲击电流将可能导致三相整流桥损坏；同时，也使输入电源电压瞬间下降而畸变。为了减小冲击电流，在变频器刚接通电源的一段时间里，电路内串入缓冲电阻 R_1，形成 RC 电路，以使电容 C_1、C_2 上的冲击电流得到缓冲。当滤波电容 C_1、C_2 的充电电压达到一定程度时（额定电压的 80%），J1 接通，同时将 R_1 短路。

4）逆变单元

逆变单元由 6 只 IGBT 管和 6 只续流二极管组成。通过控制 IGBT 管的开关顺序和开关时间，变频器将直流电逆变成频率、电压可调的交流电，电压波形为 PWM 脉宽调制波。其中，IGBT 即绝缘栅双极晶体管，是一种可进行高速开关的开关器件。可以把 IGBT 理解为一个大功率的三极管，只不过当它的栅极 G 施加电压信号时就可令 CE 导通，从而发射极可以流过更高的电流，承受更高的电压，以及可以更快速地进行开关操作。

PWM 即脉冲宽度调制，图 3-31 说明了如何运用开关组合将直流电压转换为交流电压，IGBT 用开关来替代。在阶段 1 和阶段 2，A+ 与 B- 闭合，A 与 B 之间的电压是正向的；在阶段 3，A+ 与 B+ 闭合，A 与 B 之间的电压为 0；在阶段 4，A- 与 B+ 闭合，A 与 B 之间的电压为反向的。通过改变 A 与 B 的开关组合，AB 之间就形成了交流电压输出。AB 之间的电压值由直流母线电压值决定，频率值由 IGBT 开关的速度决定。

如果按以上规律改变开关的导

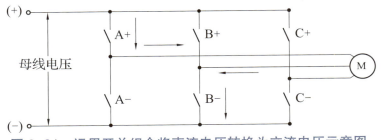

图 3-31　运用开关组合将直流电压转换为交流电压示意图

通方式,由于电动机线圈为感性负载,其中流过的电流与电压波形的平均值相关,由此可以得到近似正弦波的电流波形。由于直流母线电压是固定的,当需要输出较低频率时,其输出电压也相对较低,这时可以将 IGBT 的开通时间(占空比)减小;当需要输出较高频率时,其输出电压也相对较高,这时可以将 IGBT 的开通时间(占空比)增加。因此,采用这种方式,就可调节输出电压的高低。

5)制动回路

变频器在令电动机减速的过程中,可能出现电动机转差率为负的情况,此时电机工作在发电机状态,其再生能量将回馈到变频器平波回路电容中,使其电压升高。若机械系统惯量越大,制动速度越快时,将会导致主电容上的电压升高,容易损坏变频器的电路。此时,需要有制动电路把再生功率消耗掉,从而避免直流母线电压上升。

制动原理分为两种,一种是利用大功率电阻消耗多余的电能,这种方式比较简单,但其电能被消耗掉了;还有一种是用逆变器向交流电源系统反馈,可制成独立的能源回馈单元,或将变频器整理部分设计为可控逆变单元,这种制动方式电路复杂,设备成本较高,但节约了能源,符合变频器应用的发展趋势。

6)变频器控制模式

随着半导体控制芯片技术的发展,变频器的内部控制已经完全数字化。以 DSP 器件为核心,完成 PWM 驱动控制、功能码逻辑的实现、操作界面、对外通信、各种保护等。变频器综合了电子技术、电机控制、计算机技术、控制技术等多种技术为一体。变频器控制模式按照 PWM 波的控制原理,可分为 VF 控制模式和矢量控制模式。

(1)V/F 控制。

V/F 控制属于速度开环控制,本质上来讲,V/F 控制的变频器是一种简易的逆变电源。V/F 控制的基本思路是改变输出频率,同时也改变输出的平均电压,并保证 V/F= 常数,这样能使电动机磁通基本恒定,达到变频变压控制电动机转速的效果。

(2)矢量控制。

矢量控制是"磁通定向矢量控制"的简称。PWM 控制中经过电动机数学模型的矢量变换,将多变量、强耦合的交流电动机等效成简单的直流电动机,对磁通和力矩分别控制,实现了强耦合系统的解耦。

矢量型变频器控制逻辑部分是将"变频器 – 电动机"作为一个整体进行特性分析后建立的数学分析模型,因此变频器在正常运行之前,需要与电动机配合进行空载调谐操作(也称参数辨识),使之运行达到最佳状态。也是因为这样,矢量型变频器不能同时驱动多台电动机。

矢量控制是电动机速度(或者转矩)的闭环控制方法,可以直接控制电动机输出转矩的大小,实现所谓的力矩控制,这是优于 V/F 控制方式的特征之一。依据变频器矢量控制中是否需要编码器,还可分为有 FVC 速度传感器和 ISVC 无速度传感器两种类型。

无速度传感器矢量控制的速度反馈,需要根据变频器输出电压、电流等并利用电动机的数学模型进行计算获得。其技术难度高,但在成本与可靠性方面具有优势,在工业现场也使用的最多。

本项目选用汇川 MD320N 变频器,来改变电动机的频率从而实现主轴的进给。

2. 汇川 MD320N 变频器的使用

1)汇川 MD320N 变频器的结构

MD 系列变频器是汇川技术推出的代表未来变频器发展方向的新一代模块化、高性能变频器,其结构与三菱变频器类似,但功能更强大、更灵活。与传统意义上的变频器相比,在满足客户不同性能、功能需求方面,它不是通过多个系列产品来实现,而是在客户需求合理细分的基础上,进行模块化设计,并通过单系列产品的多模块灵活组合,创建一个客户化量身定做的平台。MD320N 变频器外形如图 3-32 所示。

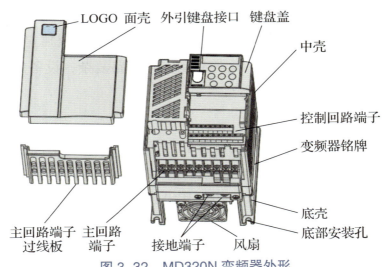

图 3-32 MD320N 变频器外形

2)汇川 MD320N 变频器的命名规则

汇川 MD320N 变频器的命名规则如图 3-33 所示。

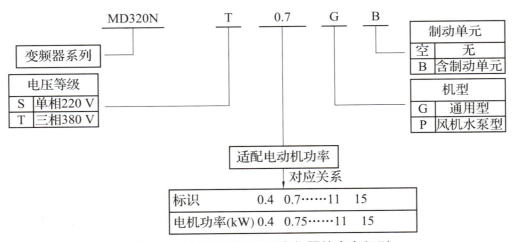

图 3-33 汇川 MD320N 变频器的命名规则

3）汇川 MD320N 变频器的铭牌

汇川 MD320N 变频器的铭牌如图 3-34 所示。

```
MODEL:    MD320NT0.7G
POWER:    0.75 kW
INPUT:    3PH AC380 V 3.4 A 50 Hz/60 Hz
OUTPUT:   3PH AC0 V~380 V 2.3A 0 Hz~300 Hz
S/N:      [条形码]

SHENZHEN IN0VANCE TECHNOLOGY CO., LTD
```

图 3-34 汇川 MD320N 变频器的铭牌

对于具体的电动机，要根据电动机的功率等额定参数来选择合适的变频器。

4）汇川 MD320N 变频器的操作面板

操作面板可对变频器进行功能参数修改、变频器工作状态监控和变频器运行控制（启动、停止）等操作，如图 3-35 所示。

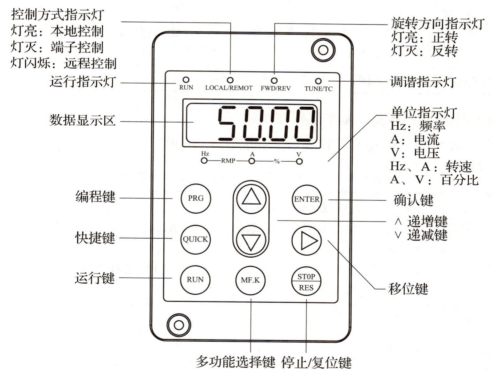

图 3-35 汇川 MD320N 变频器操作面板

（1）功能指示灯说明。

RUN：灯灭时表示变频器处于停机状态，灯亮时表示变频器处于运转状态。

LOCAL/REMOT：键盘操作、端子操作与远程操作（通信控制）指示灯，灯灭时表示键盘操作控制状态，灯亮时表示端子操作控制状态，灯闪烁时表示处于远程操作控制状态。

FWD/REV：正反转指示灯，灯亮时表示处于正转状态。

TUNE/TC：调谐指示灯，灯亮时表示处于调谐状态。

（2）单位指示灯：Hz——频率单位、A——电流单位、V——电压单位、RMP（Hz+A）——转速单位、%——（A+V）百分数。

（3）数码显示区：5位LED显示，可显示设定频率、输出频率，各种监视数据以及报警代码等。

（4）键盘按钮功能表如表3-12所示。

表3-12 键盘按钮功能表

按键	名称	功能
PRG	编程键	一级菜单进入或退出
ENTER	确认键	逐级进入菜单画面、设定参数确认
∧	递增键	数据或功能码的递增
∨	递减键	数据或功能码的递减
▷	移位键	在停机显示界面和运行显示界面下，可循环选择显示参数；在修改参数时，可以选择参数的修改位
RUN	运行键	在键盘操作方式下，用于运行操作
STOP/RES	停止/复位	运行状态时，按此键可用于停止运行操作；处于故障报警状态时，可用来复位操作，该键的特性受功能码F7-16制约
MF.K	多功能选择键	根据F7-15做功能切换选择

5）汇川MD320N变频器的基本配置和功能

汇川MD320N变频器的基本配置和功能如表3-13所示。

表3-13 汇川MD320N变频器的基本配置和功能

输入、输出端子	5×DI（DI5可以选择为高速输入口） 2×AI（AI2可以电压或电流输入，同时AI2还可选择键盘电位器给定） 2×DO 1×AO（可以电压/电流输出，也可以通过FM选择为频率输出或DO输出） 1×（继电器输出）
控制方式	V/F
模拟给定方式	直线模式
多段速	可实现8段速
简易PLC	可实现8段定时运行
摆频及定长控制	有
通信功能	自带RS-485通信口
PID控制	有
V/F方式	直线V/F、多点V/F、平方V/F

3. 汇川 MD320N 变频器的外部接线端子

接线端子分主回路接线端子和控制回路接线端子，可参考图 3-36。

1）主回路接线端子

汇川 MD320N 驱动器主回路接线端子如图 3-36 所示，其基本配置和功能如表 3-14 所示。

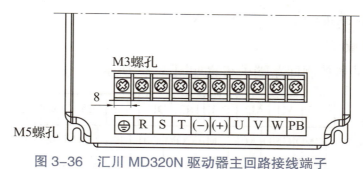

图 3-36　汇川 MD320N 驱动器主回路接线端子

表 3-14　基本配置和功能

端子标记	名称	说明
R、S、T	三相电源输入端子	交流输入三相电源连接点
(+)、(−)	直流母线正、负端子	共直流母线输入点（37 kW 以上外置制动单元的连接点）
(+)、PB	制动电阻连接端子	30 kW 以下制动电阻连接点
P、(+)	外置电抗器连接端子	外置电抗器连接点
U、V、W	变频器输出端子	连接三相电动机
⏚	接地端子（PE）	接地端子

配线注意事项：

（1）输入电源 L1、L2 或 R、S、T：变频器的输入侧接线，无相序要求。

（2）直流母线（+）、（−）端子：注意刚停电后直流母线（+）、（−）端子尚有残余电压，须等 CHARGE 灯灭掉并确认其电压小于 36 V 后方可接触，否则有触电的危险。37 kW 以上机型选用外置制动组件时，注意（+）、（−）极性不能接反，否则可能导致变频器损坏甚至火灾。制动单元的配线长度不应超过 10 m。应使用双绞线或紧密双线并行配线。不可将制动电阻直接接在直流母线上，否则可能会引起变频器损坏甚至火灾。

（3）制动电阻连接端子（+）、PB：只有 30 kW 以下且确认已经内置制动单元的机型，其制动电阻连接端子才有效。制动电阻选型参考推荐值且其配线距离应小于 5 m，否则可能导致变频器损坏。

（4）外置电抗器连接端子 P、(+)：75 kW 及以上的变频器、电抗器外置，装配时把 P、(+) 端子之间的连接片去掉，电抗器接在两个端子之间。

（5）变频器输出端子 U、V、W：变频器输出端子不可连接电容或浪涌吸收器，否则会引起变频器经常保护甚至损坏。电动机电缆过长时，由于分布电容的影响，易产生电气谐振，从而引起电动机绝缘破坏或产生较大漏电流使变频器过流保护。电动机电缆长度大于 100 m 时，须加装交流输出电抗器。

（6）接地端子 PE：端子必须可靠接地，接地线阻值必须小于 0.1Ω，否则会导致设备工作异常甚至损坏。不可将接地端子和电源零线 N 端子共用。

2）控制回路接线端子

汇川 MD320N 驱动器控制回路端子布置如图 3-37 所示。

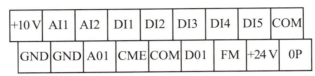

图 3-37　汇川 MD320N 驱动器控制回路端子布置

3）三相变频器接线

汇川 MD320N 驱动器三相变频器接线示意图如图 3-38 所示。

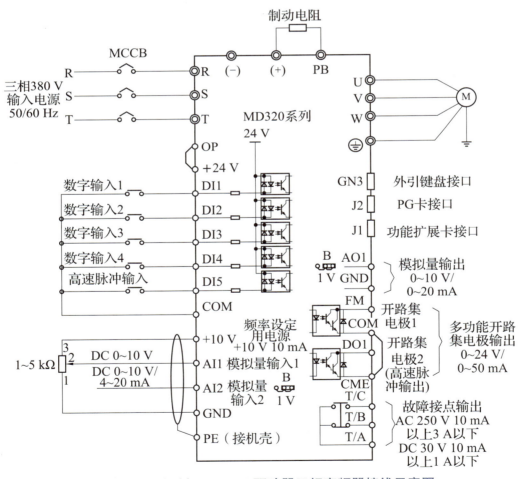

图 3-38　汇川 MD320N 驱动器三相变频器接线示意图

4）汇川 MD320N 变频器控制端子功能说明

汇川 MD320N 变频器控制端子功能说明如表 3-15 所示。

表 3-15　汇川 MD320N 变频器控制端子功能说明

类别	端子符号	端子名称	功能说明
电源	+10 V–GND	外接 +10 V 电源	向外提供 +10 V 电源，最大输出电流为 10 mA；一般用作外接电位器工作电源，电位器阻值范围：1~5 kΩ
	+24 V–COM	外接 +24 V 电源	向外提供 +24 V 电源，一般用作数字输入/输出端子工作电源和外接传感器电源；最大输出电流：200 mA
	OP	外部电源输入端子	出厂默认与 +24 V 连接，当利用外部信号驱动 DI1~DI5 时，OP 需与外部电源连接，且与 +24 V 电源端子断开
模拟输入	AI1–GND	模拟量输入端子 1	（1）输入电压范围：DC 0~10 V；（2）输入阻抗：100 kΩ
	AI2–GND	模拟量输入端子 2	（1）输入范围：DC 0~10 V/4~20 mA，由控制板上的 J3 跳线选择决定；（2）输入阻抗：电压输入时 100 kΩ，电流输入时 500 Ω
数字输入	DI1–COM	数字输入 1	（1）光耦隔离，兼容双极性输入；（2）输入阻抗：3.3 kΩ；（3）电平输入时电压范围：9~30 V
	DI2–COM	数字输入 2	
	DI3–COM	数字输入 3	
	DI4–COM	数字输入 4	
	DI5–COM	高速脉冲输入端子	除有 DI1~DI4 的特点外，还可作为高速脉冲输入通道。最高输入频率：50 kHz
模拟输出	AO1–GND	模拟输出 1	由控制板上的 J4 跳线选择决定电压或电流输出；输出电压范围：0~10 V；输出电流范围：0~20 mA
数字输出	DO1–CME	数字输出 1	光耦隔离，双极性开路集电极输出，输出电压范围：0~24 V；输出电流范围：0~50 mA
	FM–COM	高速脉冲输出	受功能码 F5-00 "FM 端子输出方式选择"约束，当作为高速脉冲输出时，其最高频率到 50 kHz；当作为集电极开路输出时，与 DO1 规格一样
继电器输出	T/A–T/B	常闭端子	触点驱动能力：AC 250 V，3 A，cosθ=0.4；DC 30 V，1 A
	T/A–T/C	常开端子	
辅助接口	J1	功能扩展卡接口	28 芯端子，与可选卡（I/O 扩展卡、多泵供水扩展卡、张力卡、MODBUS 通信卡、各种总线卡等选配卡）接口
	CN3	外引键盘接口	外引键盘、拷贝单元接口

变频器线路的安装

四、任务实施

1. 方案设计

自动钻孔机的主轴进给电动机 M2 是异步电动机,由变频器控制。系统有手动和自动两种状态。手动状态下,按下启动按钮后,根据行程,可手动选择电动机 M1 的高低速和电动机 M2 的低、中、高运行频率,按下停止按钮后,系统停止运行。

2. 电气设计与安装

下面以手动状态为例,对项目进行实施。I/O 地址分配如表 3-16 所示。

表 3-16 I/O 地址分配

输入信号		输出信号	
启动按钮 SB1	X0	变频器低速信号	Y0
停止按钮 SB2	X1	变频器中速信号	Y1
变频器低速按钮 SB3	X2	变频器高速信号	Y2
变频器中速按钮 SB4	X3		
变频器高速按钮 SB5	X4		
手动/自动选择开关 SA	X5		

在电气原理图中,PLC 控制电路如图 3-39 所示,变频器参数设置如表 3-17 所示。

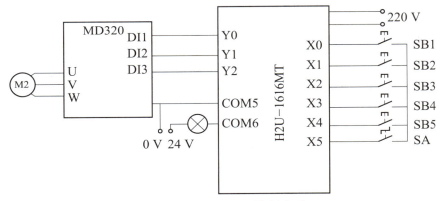

图 3-39 PLC 控制电路

表 3-17 变频器参数设置

参数号	参数含义	设定值
FP-01	参数初始化	1
F0-00	命令源选择	1
F0-01	频率源选择	4
F0-04	最大频率	100
F0-06	上限频率	100
F0-09	加速时间	1

续表

参数号	参数含义	设定值
F0–10	减速时间	1
F2–00	DI1 端子功能	1
F2–01	DI2 端子功能	2
F2–02	DI3 端子功能	13
F2–03	DI4 端子功能	14
F2–04	DI5 端子功能	15
F8–02	多段速 1	45
F8–03	多段速 2	25
F8–04	多段速 3	10

3. 软件组态设计

变频器拖动电动机的安装与调试组态界面如图 3-40 所示。

图 3-40　变频器拖动电动机的安装与调试组态界面

触摸屏变量与 PLC 变量连接地址分配如表 3-18 所示。

表 3-18　触摸屏变量与 PLC 变量连接地址分配

HMI 功能	PLC 关联元件	HMI 功能	PLC 关联元件
启动	M0	变频器启动	Y14
停止	M1	运行状态	Y15
M2 低速	M2	频率值	D0
M2 中速	M3		
M2 高速	M4		

4. PLC 程序设计

根据手动状态下的控制要求进行 PLC 控制程序的设计：按下启动按钮后，可手动选择电动机 M2 的低、中、高运行频率；按下停止按钮，整个系统停止工作。

具体要求如下：

（1）将系统置于手动状态，SA=0；

（2）按下启动按钮SB1（或触摸屏上启动按钮），运行指示灯亮，系统进入运行状态，如图3-41所示；

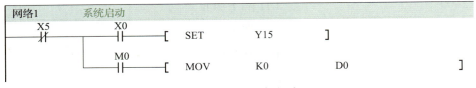

图3-41　系统启动

（3）选择变频器的低、中、高任意1个按钮（或对应触摸屏上按钮），电动机M2以相应速度运行，变频器低速、中速、高速运行状态分别如图3-42~图3-44所示；

图3-42　变频器低速运行

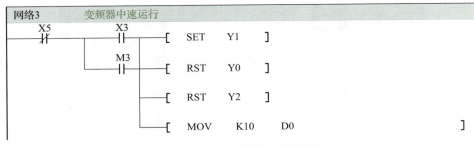

图3-43　变频器中速运行

图3-44　变频器高速运行

（4）按下停止按钮SB2（或触摸屏上停止按钮），系统停止运行，如图3-45所示。

图3-45　系统停止

5. 整体调试（调试步骤）

在完成项目电气系统安装和软件设计后，开始调试。调试分为通电前调试和通电后调试，通电调试时可先连接输入设备、再连接输出设备、然后接上实际负载等逐步进行调试。具体要求如表 3-19 所示。通电时，必须征得指导老师同意，在指导老师的监护下进行通电测试。

表 3-19　系统调试要求

通电前调试	（1）首先进行自检，按照电路原理图或接线图，逐段核对接线端子连接是否正确，线路间绝缘是否良好；有无漏接、错接，端子是否拧紧。 （2）重点检查各器件电源，特别是要检查 PLC、变频器、电动机主电路等电源接入端是否存在短路；检查 PLC 输入和输出电源回路
通电后调试	（1）PLC 程序、HMI 画面分别下载，连接后同时运行； （2）按下启动按钮 SB1 后，按下变频器速度选择按钮，观察变频器控制电动机运行状况； （3）按下停止按钮 SB2，系统停止
	若出现故障，必须先切断电源，由学生独立排查故障。先排除硬件故障，然后再根据现象功能修改 PLC 程序和触摸屏画面。若要再次通电，必须在指导老师监护下进行

学生把测试数据记录到表 3-20 中（以"1"代表得电，以"0"代表失电），观察变频器频率显示，记录当前运行频率。

表 3-20　运行记录表

开关状态	按下 SB1	按下 SB3	按下 SB4	按下 SB5	按下 SB2
变频器频率 /Hz					

五、任务拓展

1. 方案设计

自动钻孔机的主轴进给电机 M2 是异步电动机，由变频器控制。自动状态下，当设备在 A 位置（SQ1 动作）时，按一下启动按钮 SB1，电动机 M2 以 15 Hz 的速度正转运行（顺时针旋转），由 A 向 B 位置前进；当到达 B 位置时（SQ2 动作），M2 停止，同时钻床主轴电动机低速启动正转，6 s 后停止，同时 M2 以 35 Hz 速度反转运行（逆时针旋转），由 B 向 A 位置前进；当回到 A 位置时（SQ1 动作），M2 停止，2 s 后，M2 又以 25 Hz 的速度正转运行；当到达 C 位置时（SQ3 动作），M2 停止，同时钻床主轴电动机高速启动正转，5 s 后停止，同时 M2 以 45 Hz 速度反转运行；当回到 A 位置时，M2 停止，2 s 后一个工作周期结束。若启动的是连续工作方式，则再重复上述过程。在连续工作状态下，当按下停止按钮 SB2，设备在完成当前工作周期后停止。在单周期工作状态下，当按下停止按钮 SB2，设备立即停止。

2. 电气设计与安装

下面以自动状态为例，对项目进行实施。I/O 地址分配如表 3-21 所示。

表 3-21　I/O 地址分配

输入信号		输出信号	
启动按钮 SB1	X0	变频器低速信号	Y0
停止按钮 SB2	X1	变频器中速信号	Y1
A 位置 SQ1	X2	变频器高速信号	Y2
B 位置 SQ2	X3		
C 位置 SQ3	X4		
手动/自动选择开关 SA	X5		

在电气原理图中，PLC 控制电路，变频器参数设置参考表 3-17。

3. 软件组态设计

变频器拖动电动机的安装与调试组态界面如图 3-46 所示。

图 3-46　变频器拖动电动机的安装与调试组态界面

触摸屏变量与 PLC 连接地址分配如表 3-22 所示。

表 3-22　触摸屏变量与 PLC 变量连接地址分配

HMI 功能	PLC 关联元件	HMI 功能	PLC 关联元件
启动	M0	运行状态	Y15
停止	M1	频率值	D0
SQ1	M2		
SQ2	M3		
SQ3	M4		

4. PLC 程序设计

根据手动状态下的控制要求进行 PLC 控制程序的设计：按下启动按钮后，根据位置选择电动机 M2 的运行频率；按下停止按钮，整个系统停止工作。PLC 梯形图如图 3-47 所示。

具体要求如下：

（1）将系统置于自动状态，SA=1；

（2）按下启动按钮 SB1（或触摸屏上启动按钮），运行指示灯亮，系统进入运行状态；

（3）根据控制要求，选择变频器的 SQ1、SQ2、SQ3 任意 1 个按钮（或对应触摸屏上按钮），电动机 M2 以相应速度运行；

（4）按下停止按钮 SB2（或触摸屏上停止按钮），系统停止运行。

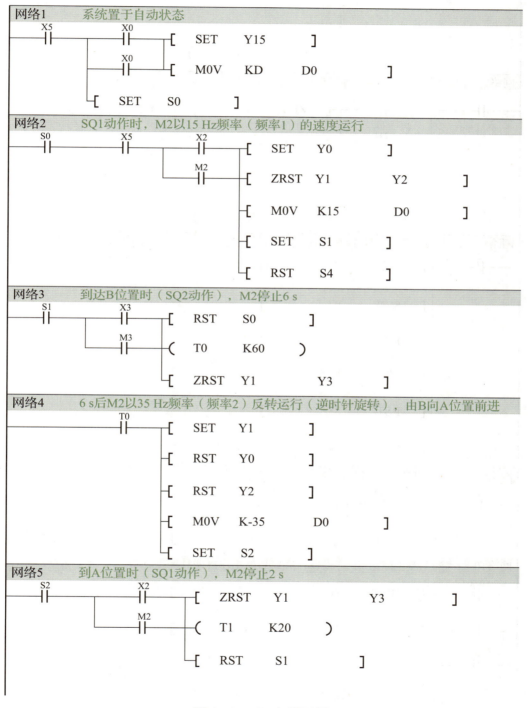

图 3-47　PLC 梯形图

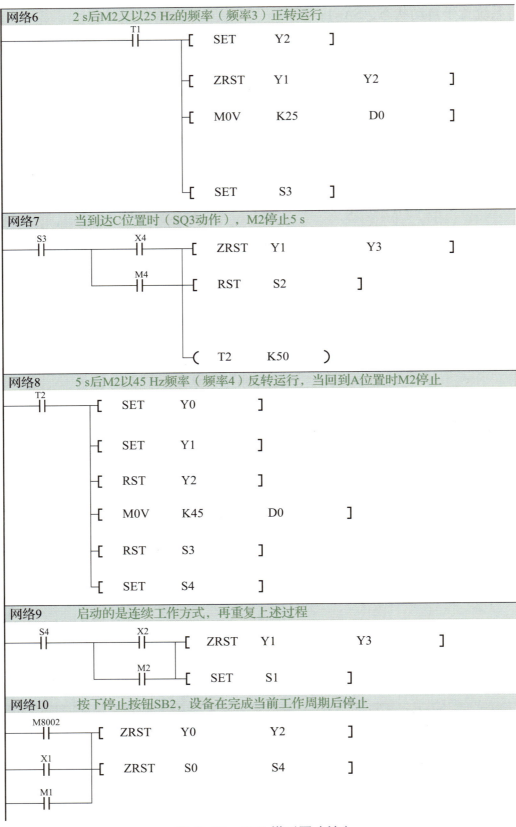

图 3-47 PLC 梯形图（续）

5. 整体调试（调试步骤）

在完成项目电气系统安装和软件设计后，开始调试。调试分为通电前调试和通电后调试，通电调试时可先连接输入设备、再连接输出设备、然后接上实际负载等逐步进行调试。具体要求参考表 3-19、表 3-20。通电时，必须征得指导老师同意，在指导老师的监护下进行通电测试。

六、任务习题

（1）变频器种类很多，其中按滤波方式可分为电压型和（　　　）型。

　　A. 电流　　　　　B. 电阻　　　　　C. 电感　　　　　D. 电容

（2）对电动机从基本频率向上的变频调速属于（　　　）调速。

　　A. 恒功率　　　　B. 恒转矩　　　　C. 恒磁通　　　　D. 恒转差率

（3）汇川 MD320N 变频器的高速脉冲输入端子为（　　　）。

　　A. DI2　　　　　B. DI3　　　　　C. DI4　　　　　D. DI5

（4）变频器输入控制端子分为_____端子和_____端子。

（5）变频器主电路由_____、_____和_____组成。

（6）汇川 MD320N 变频器参数初始化将_____设置为 1。

（7）汇川 MD320N 变频器参数 F0-09 为加速时间。（　　　）

（8）汇川 MD320N 变频器参数 F0-09 为减速时间。（　　　）

（9）输入电源 L1、L2 或 R、S、T：变频器的输入侧接线，有相序要求。（　　　）

（10）交流调速系统按电动机参变量可分为哪几种类型？

（11）根据所学内容填写表 3-23。

表 3-23　变频器拖动电动机的安装与调试工作任务评价表

序号	内容	配分	评分标准	得分
1	电箱内主要器件选择	5	少用器件或用错器件，扣 1 分 / 件	
2	线路连接	30	（1）少接线，或多接线，或接错线，或接线不牢，或外露铜丝过长，扣 3 分 / 根； （2）中性线未通过接零排，或地线不经过地线排，扣 5 分 / 处； （3）由于接错线或接线工艺差引起电气控制电路部分跳闸，则该项不得分；如果引起整个设备跳闸，则该大项不得分	
3	接线工艺	25	（1）箱内连接的 BVR 线未入线槽，或未盖盖板，扣 1 分 / 处； （2）导线未用接线端子，或未编号，扣 1 分 / 处	
4	器件参数设置	5	未按要求设置参数或参数设置错误，扣 1 分 / 处	
5	设备功能调试	25	（1）操作不正确，扣 3 分 / 处； （2）不能启动设备运行，该项不得分； （3）操作正确时功能不符合设备要求，扣 3 分 / 处；如果是接线错误造成的，则还需要扣线路连接分	

续表

序号	内容	配分	评分标准	得分
6	安全操作规程	5	符合要求得 5 分，基本符合要求得 3 分、一般得 1 分（有严重违规可以一项否决，如不听劝阻，可终止操作）	
7	工具、耗材摆放、废料处理	3	根据情况符合要求得 3 分，有 2 处错得 1 分，2 处以上错得 0 分	
8	工位整洁	2	根据情况，做到得 2 分，未做到扣 2 分	

任务三　步进电动机的安装与调试

一、任务引入

某金属加工厂现有一台自动钻孔机，主轴的左、右移动由步进电动机 M3 的正、反转拖动，现在请设计步进电动机的安装与调试。

二、任务目标

（1）了解步进电动机的结构、工作原理及组成。

（2）掌握步进电动机的控制方法。

（3）能根据接线图选用不同型号螺丝刀独立完成电气线路连接。

（4）能依据电气原理图，使用万用表等电工工具完成线路的主电路断路、主电路短路和控制电路检测。

（5）能合作完成步进电动机的 PLC 控制程序的编制。

三、基础知识

1. 认识步进电动机

1）步进电动机的结构

步进电动机一般由前后端盖、轴承、中心轴、转子铁芯、定子铁芯、定子组件、波纹垫圈、螺钉等部分构成。步进电动机也叫步进器，它利用电磁学原理，将电能转换为机械能，是由缠绕在电动机定子齿槽上的线圈驱动的。通常情况下，一根绕成圈状的金属丝叫做螺线管，而在电动机中，绕在定子齿槽上的金属丝则叫做绕组、线圈。步进电动机的基本结构如图 3-48 所示。

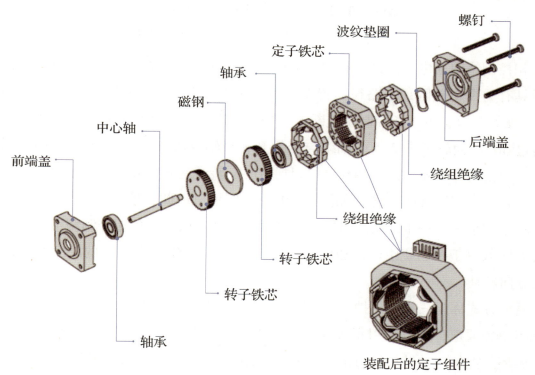

图 3-48　步进电动机的基本结构

2）步进电动机的工作原理

步进电动机是一种将电脉冲转化为角位移的执行机构。当步进电动机驱动器接收到一个脉冲信号，它就驱动步进电动机按设定的方向转动一个固定的角度（称为"步距角"），它的旋转是以固定的角度一步一步运行的。可以通过控制脉冲个数来控制角位移量，从而达到准确定位的目的；同时，可以通过控制脉冲频率来控制电动机转动的速度和加速度，从而达到调速的目的。步进电动机可以作为一种控制用的特种电动机，可以利用其没有累积误差的特点，广泛应用于各种开环控制。

下面以一台最简单的三相反应式步进电动机为例，简单介绍步进电动机的工作原理。图 3-49 是一台三相反应式步进电动机的原理图。定子铁芯为凸极式，共有 3 对（6 个）磁极，每两个空间相对的磁极上绕有一相控制绕组。转子用软磁性材料制成，也是凸极结构，只有4个齿，齿宽等于定子的极宽。

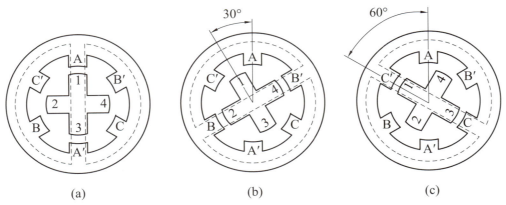

图 3-49　三相反应式步进电动机的原理图
(a) A 相通电；(b) B 相通电；(c) C 相通电

当 A 相控制绕组通电，其余两相均不通电时，电动机内建立以定子 A 相极为轴线的磁场。由于磁通具有力图走磁阻最小路径的特点，因此转子齿 1、3 的轴线与定子 A 相极轴线对齐，如图 3-49（a）所示。当 A 相控制绕组断电、B 相控制绕组通电时，转子在反应转矩的作用下，逆时针转过 30°，使转子齿 2、4 的轴线与定子 B 相极轴线对齐，即转子走了一步，如图 3-49（b）所示。当在断开 B 相，使 C 相控制绕组通电时，转子逆时针方向又转过 30°，使转子齿 1、3 的轴线与定子 C 相极轴线对齐，如图 3-49（c）所示。如此，按 A→B→C→A 的顺序轮流通电，转子就会一步一步地按逆时针方向转动。其转速取决于各相控制绕组通电与断电的频率，旋转方向取决于控制绕组轮流通电的顺序。若按 A→C→B→A 的顺序通电，则电动机按顺时针方向转动。

上述通电方式称为三相单三拍。"三相"是指三相步进电动机，"单三拍"是指每次只有一相控制绕组单独通电，控制绕组每改变一次通电状态称为一拍，"三拍"是指改变三次通电状态为一个循环。把每一拍转子转过的角度称为步距角。三相单三拍运行时，步距角为 30°。显然，若这个角度太大，则不能付诸实用。

如果把控制绕组的通电方式改为 A→AB→B→BC→C→CA→A，即一相通电，接着二相通电间隔地轮流进行，完成一个循环需要经过 6 次改变通电状态，称为三相单、双六拍通电方式。当 A、B 两相绕组同时通电时，转子齿的位置应同时考虑到两对定子极的作用，只有 A 相极和 B 相极对转子齿所产生的磁拉力相平衡的中间位置，才是转子的平衡位置。这样，单、双六拍通电方式下转子平衡位置增加了一倍，这时步距角为 15°。

目前，打印机、绘图仪、机械手等设备都以步进电动机为动力核心。进一步减少步距角的措施是采用定子磁极并带有小齿，转子齿数很多的结构。分析表明，这样结构的步进电动机，其步距角可以做得很小。一般来说，步进电动机产品都采用这种方法实现步距角的细分。

2. 认识步进电动机驱动器

步进电动机不能直接接到工频交流或直流电源上工作，而必须使用专用的由脉冲发生控制单元、功率驱动单元、保护单元等组成的步进电动机驱动器。步进电动机控制系统如图 3-50 所示。驱动单元与步进电动机直接耦合，也可理解成步进电动机控制器的功率接口。步进电动机驱动器和步进电动机是一个有机的整体，步进电动机的运行性能是二者配合所反映的综合效果。步进电动机驱动器实物如图 3-51 所示。

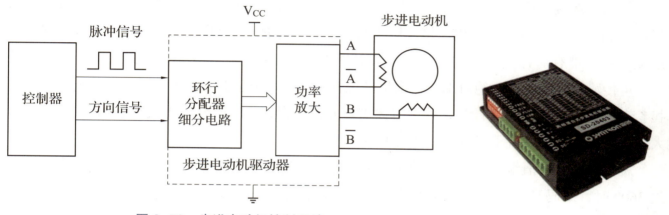

图 3-50　步进电动机控制系统　　　　　图 3-51　步进电动机驱动器实物

驱动要求：

（1）能够提供较快的电流上升和下降速度，使电流波形尽量接近矩形。具有供截止期间释放电流流通的回路，以降低绕组两端的反电动势，加快电流衰减；

（2）具有较高功率及效率。

步进电动机的相数是指内部的线圈组数，目前常用的有二相、三相、四相、五相步进电动机。电动机相数不同，其步距角也不同，一般二相电动机的步距角为 1.8°、三相的为 1.5°、五相的为 0.72°。在没有细分驱动器时，用户主要靠选择不同相数的步进电动机来满足步距角的要求。如果使用细分驱动器，则相数将变得没有意义，用户只需在驱动器上改变细分数，就可以改变步距角。

3. 认识编码器

旋转编码器是用来测量转速的装置，分为单路输出和双路输出两种，技术参数主要有每转脉冲数（几十个到几千个都有）、输出方式和供电电压等。单路输出是指旋转编码器的输出是一组脉冲，而双路输出的旋转编码器其输出的是两组相位差为 90°的脉冲，通过这两组脉冲不仅可以测量转速，还可以判断旋转的方向。编码器若以信号原理来分，有增量型编码器、绝对型编码器。编码器实物如图 3-52 所示。

增量型编码器（旋转型）工作原理：由一个中心有轴的光电码盘，其上有环形通、暗的刻线，由光电发射和接收器件读取，同时获得四组正弦波信号组合成 A、B、C、D，每个正弦波

图 3-52　编码器实物

相差 90° 相位差（相对于一个周波为 360°），将 C、D 两相反向，叠加在 A、B 两相上，可增强稳定信号；另外，每转输出一个 Z 相脉冲以代表零位参考位。

由于 A、B 两相相差 90°，因此可通过比较 A 相在前还是 B 相在前，以判别编码器的正转与反转，通过零位脉冲，可获得编码器的零位参考位。

分辨率就是编码器以每旋转 360° 提供多少的通或暗刻线称为分辨率，也称解析分度、或直接称多少线，一般每转分度 5~10 000 线。

如单相连接，用于单方向计数、单方向测速。A、B 两相连接，用于正、反向计数、判断正反向和测速。A、B、Z 三相连接，用于带参考位修正的位置测量。A、A-，B、B-，Z、Z- 连接，由于带有对称负信号的连接，电流对于电缆贡献的电磁场为 0，衰减最小，抗干扰最佳，可传输较远的距离。绝对编码器由机械位置决定，每个位置是唯一的，它无须记忆，无须找参考点，而且不用一直计数，什么时候需要知道位置，什么时候就去读取它的位置。这样，大大提高了编码器的抗干扰特性、数据的可靠性。

旋转单圈绝对值编码器，以转动中测量光电码盘各道刻线，来获取唯一的编码。当转动超过 360° 时，编码又回到原点，这样就不符合绝对编码唯一的原则，因此，这样的编码只能用于旋转范围 360° 以内的测量，称其为单圈绝对值编码器。

4. 高速计数器

高速计数器是 PLC 的编程软元件，相对于普通计数器，高速计数器用于频率高于机内扫描频率的机外脉冲计数。由于计数信号频率高，计数以中断方式进行，因此当计数器的当前值等于设定值时，计数器的输出节点立即工作。

H2U 系列 PLC 内置有 21 点高速计数器 C235~C255，每一个高速计数器都规定了其功能和占用的输入点。

1）高速计数器的类型

（1）单相 1 计数型。C235~C245 共 11 个高速计数器用作单相 1 计数输入的高速计数，只需要 1 个计数脉冲信号输入端，并由其对应的特殊 M 寄存器决定为增计数或减计数；部分计数器还具有硬件复位、起停的信号输入端口。

（2）单相 2 计数型。C246~C250 共 5 个高速计数器用作单相 2 计数输入的高速计数，有 2 个计数脉冲信号输入端，分别为增计数脉冲输入端和减计数脉冲输入端；部分计数器还具有硬件复位、起停的信号输入端口。

（3）两相 2 计数型。C251~C255 共 5 个高速计数器用作两相 2 计数输入的高速计数，即 A、B 两相计数脉冲计数器，是根据 A、B 两相的相位决定计数的方向。计数方法是：当 A 相脉冲为高电平时，B 相的脉冲上升沿作加计数，B 相的脉冲下降沿作减计数。通过读取 M8251~M8255 的状态，可监控 C251~C255 的增计数 / 减计数状态。

2）高速计数器的对应 X 端口

高速计数器编号与对应的 X 端口配套使用，即指定了高速计数器 Cxxx 后，其对应的 X 输入端即被指定，故编程时不要让 X 端口有重复使用的情况，否则会出错。C246~C255 的功能和占用的输入点如表 3-24 所示。

表 3-24　C246~C255 的功能和占用的输入点

分配输入	单相双计数输入					A/B 相计数				
	C246	C247	C248	C249	C250	C251	C252	C253	C254	C255
X000	U	U		U		A	A		A	
X001	D	D		D		B	B		B	
X002		R		R			R		R	
X003			U		U			A		A
X004			D		D			B		B
X005			R		R			R		R
X006				S					S	
X007					S					S

如前所述，分拣单元所使用的是具有 A、B 两相 90° 相位差的通用型旋转编码器，且 Z 相脉冲信号没有使用，由表 3-24，可选用高速计数器 C251。这时，编码器的 A、B 两相脉冲输出应连接到 X000 和 X001 点。

每一个高速计数器都规定了不同的输入点，但所有的高速计数器的输入点都在 X000~X007 范围内，并且这些输入点不能重复使用。例如，使用了 C251，因为 X000、X001 被占用，所以规定为占用这两个输入点的其他高速计数器；如 C252、C254 等都不能使用。

5. 认识高速脉冲指令 PLSY

本项目中使用晶体管型输出的 PLC 控制步进电动机来对传送带的运行速度、距离及方向进行控制，使用 FX3U 的脉冲输出指令 PLSY 来对步进电动机进行简单控制。

PLSY 指令的功能是以指定的频率产生定量脉冲，其格式如图 3-53 所示。其中，S1·为指定频率。S2·为指定产生脉冲的数目。允许设定的脉冲数的范围为：16 位指令可设 1~32 767 个脉冲，32 位指令可设 1~2 147 483 647 个脉冲。若指定脉冲数为"0"，则产生的脉冲个数不限定，即不断发送脉冲。D·为指定脉冲输出的 Y 地址号。

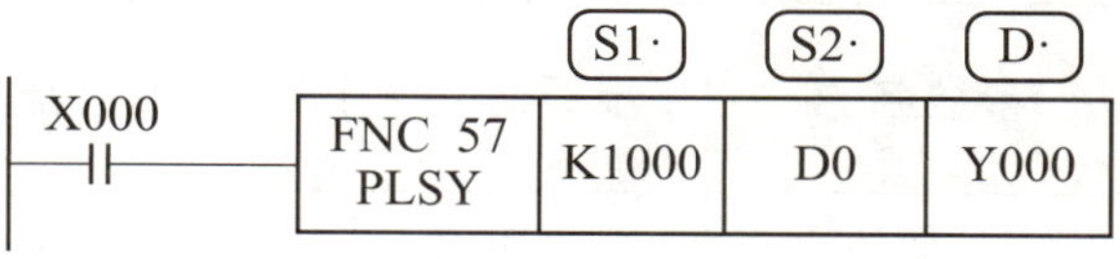

图 3-53　PLSY 指令格式

运动距离与产生的脉冲数和步进电动机驱动器的细分数有关，本项目中设置的细分为 1 000 PPR，即每转 1 000 脉冲。根据传动特点可计算 1 000 个脉冲传送带运行的距离 x（mm），即可得到传送带运行的脉冲当量 $x/1\,000$（mm），进而可以根据需要运行的距离计算得到需要发送的脉冲数量。运行速度与指定频率和脉冲当量有关，若设定的脉冲频率为 y，则根据前面计算的脉冲当量即可得到速度为 $xy/1\,000$（mm/s），其方向的控制根据 $y1$ 的电平来确定，若高电平则正转，若低电平则反转。

四、任务实施

1. 方案设计

1）系统分析

自动钻孔机主轴的左、右移动由步进电动机 M3 的正、反转拖动。按下启动按钮 SB1，M3 步进电动机顺时针启动运行，带动钻孔机主轴向左移动，移动距离根据工件加工要求由触摸屏设置（初始默认设置为 5 cm，即步进电动机转动 5 圈）。加工完毕后按下停止按钮 SB2，M3 步进电动机逆时针启动运行，带动钻孔机主轴向右移动（移动距离等于向左移动的距离）。移动到位后 M3 步进电动机停止转动。

2）硬件配置选型

本系统在 YL-156A 电气控制技术实训考核装置上主要使用的硬件包括 PLC、标准恒压源、中间继电器、电磁阀、光电编码器、步进电动机、步进电动机驱动器、位置传感器等器件。为了配合设备使用，用接触器代替电磁阀，具体的硬件配置如表 3-25 所示。

表 3-25　硬件配置

元器件	器件型号	数量 / 个
汇川 PLC	H2U-1616MT	1
步进电动机	森创 42（K）系列	1
步进电动机控制器	森创 SH-20403	1

（1）森创步进电动机 42（K）。

森创两相混合式步进电动机 42（K）的步距角是在整步方式下为 1.8°，半步方式下为 0.9°，部分技术参数见表 3-26。

表 3-26　森创两相混合式步进电动机 42（K）部分技术参数

参数名称	步距角/(°)	相电流/A	保持扭矩/(N·m)	定位扭矩/(N·m)	转动惯量/(kg·m²)
参数值	0.9/1.8	1.5	0.23	0.012	38

步进电动机的接线图如图 3-54 所示。

（2）森创控制器 SH-20403。

森创控制器 SH-20403 最大输出电流值为 3 A/ 相（峰值），通过驱动器面板上 6 位拨码开关的第 5、6、7 这 3 位可组合出 8 种状态，对应 8 种输出电流，为 0.9~3 A 以配合不同的电动机使用，如

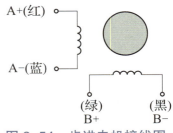

图 3-54　步进电机接线图

表 3-27 所示（说明：面板丝印上的白色方块对应开关的实际位置）。

表 3-27 输出电流设置表

开关位			对应电流	开关位			对应电流	开关位			对应电流	开关位			对应电流
5	6	7		5	6	7		5	6	7		5	6	7	
ON	ON	ON	0.9A	ON	OFF	ON	1.5A	ON	ON	OFF	1.2A	ON	OFF	OFF	1.8A
OFF	ON	ON	2.1A	OFF	OFF	ON	2.7A	OFF	ON	OFF	2.4A	OFF	OFF	OFF	3A

本驱动器可提供整步、改善半步、4细分、8细分、16细分、32细分和64细分7种运行模式，利用驱动器面板上6位拨码开关的第1、2、3这3位可组合出不同的状态，如表3-28所示（说明：面板丝印上的白色方块对应开关的实际位置）。

表 3-28 细分设置表

开关位			细分模式	开关位			细分模式	开关位			细分模式	开关位			细分模式
1	2	3		1	2	3		1	2	3		1	2	3	
ON	ON	ON	保留	ON	OFF	ON	32细分	ON	ON	OFF	8细分	ON	OFF	OFF	半步
OFF	ON	ON	64细分	OFF	OFF	ON	16细分	OFF	ON	OFF	4细分	OFF	OFF	OFF	整步

在系统接线时应遵循功率线（电动机相线，电源线）与弱电信号线分开的原则，以避免控制信号被干扰。在无法分别布线或有强干扰源（变频器、电磁阀等）存在的情况下，最好使用屏蔽电缆来传送控制信号；采用较高电平的控制信号对抵抗干扰也有一定的意义。步进电动机驱动器接线图如图3-55所示。

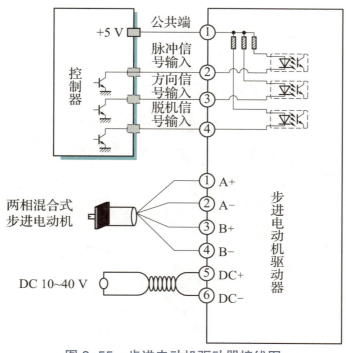

图 3-55 步进电动机驱动器接线图

2. 电气设计与安装

1）I/O 地址分配

I/O 地址分配如表 3-29 所示。

表 3-29　I/O 地址分配

输入信号		输出信号	
启动按钮 SB1	X0	步进电动机驱动器脉冲	Y0
停止按钮 SB2	X1	步进电动机驱动器方向	Y1

2）电气原理图

步进电动机的脉冲和方向控制连接到 Y0 和 Y1，两个按钮（启动按钮和停止按钮）。电气原理图中，PLC 控制电路如图 3-56 所示。

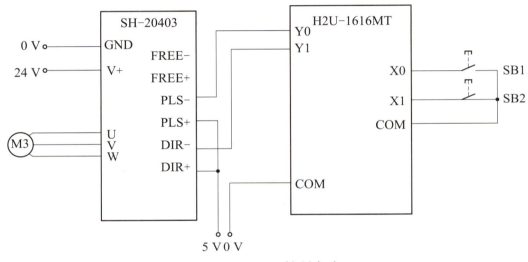

图 3-56　PLC 控制电路

3. 软件组态设计

步进电动机的安装与调试组态界面如图 3-57 所示。

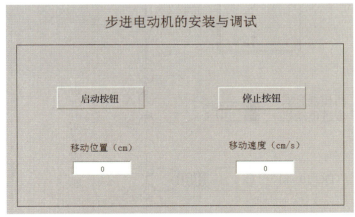

图 3-57　步进电动机的安装与调试组态界面

触摸屏变量与 PLC 变量连接地址分配如表 3-30 所示。

表 3-30　触摸屏变量与 PLC 变量连接地址分配

HMI 功能	PLC 关联元件	HMI 功能	PLC 关联元件
启动	M0	移动位置	D1
停止	M1	移动速度	D2

4. PLC 程序设计

根据手动控制要求进行 PLC 控制程序的设计：按下启动按钮后，电动机 M3 按照给定速度进行运动；按下停止按钮，整个系统停止工作，PLC 梯形图如图 3-58 所示。

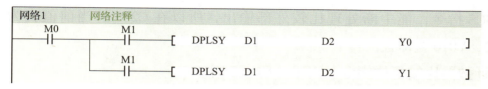

图 3-58　PLC 梯形图

5. 整体调试

在完成项目电气系统安装和软件设计后，开始调试。调试分为通电前调试和通电后调试，在通电调试时可先连接输入设备、再连接输出设备、然后接上实际负载等逐步进行调试。系统调试要求如表 3-31 所示。通电时，必须征得指导老师同意，在指导老师的监护下进行通电测试。

表 3-31　系统调试要求

通电前调试	（1）首先进行自检，按照电路原理图或接线图，逐段核对接线端子连接是否正确，线路间绝缘是否良好；有无漏接、错接，端子是否拧紧； （2）重点检查各器件电源，特别是要检查 PLC、步进电动机驱动器、电动机主电路等电源接入端是否存在短路；检查 PLC 输入和输出电源回路
通电后调试	（1）PLC 程序、HMI 画面分别下载，连接后同时运行； （2）按下启动按钮，观察触摸屏上显示情况； （3）按下停止按钮 SB2，系统停止
	若出现故障，必须先切断电源，由学生独立排查故障。先排除硬件故障，然后再根据现象功能修改 PLC 程序和触摸屏画面。若要再次通电，必须在指导老师监护下进行

五、任务拓展

高速计数器由于采用中断方式计数，且在当前值＝预置值时，计数器会及时动作，但实际输出信号却依赖于扫描周期。因此，可以用比较的方式，解决高速计数器在各个不同数值时的执行结果。

如果希望计数器动作时立即输出信号，就要采用中断工作方式，使用高速计数器的专用指令。FX3U 型 PLC 高速处理指令中有 3 条是关于高速计数器的，且都是 32 位指令。

1. 高速计数器置位指令 HSCS（FNC53）——比较置位指令

功能：应用于高速计数器的置位，使计数器的当前值达到预置值时，计数器的输出触点立即动作，立即的含义——用中断的方式使置位和输出立即执行而与扫描周期无关。HSCS 指令使用如图 3-59 所示。

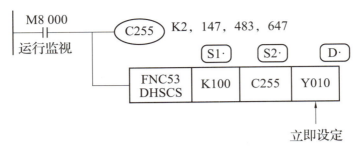

图 3-59　HSCS 指令使用

使用 HSCS 指令，能中断处理比较外部输出，所以在 C255 的当前值变为 99→100 或 101→100 时，Y010 立即置位。

2. 高速计数器比较复位指令 HSCR（FNC54）

HSCR 指令使用如图 3-60 所示。

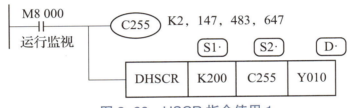

图 3-60　HSCR 指令使用 1

若用 HSCR 指令，由于比较外部输出采用中断处理，因此在 C255 的当前值编程 199→200 或 201→200 时，不受扫描周期的影响，Y010 立即复位，如图 3-61 所示。

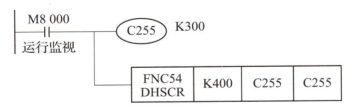

图 3-61　HSCR 指令使用 2

C255 的当前值变为 400，C255 立即复位，当前值为 0，输出触点不工作。

3. 高速计数器区间比较指令 HSZ（FNC55）

DHSZ 指令使用如图 3-62 所示。如果 K1000＞C251 当前值，则 Y0 为 ON；如果 K1000≤C251 当前值≤K2 000，则 Y1 为 ON；如果 K1000＜C251 当前值，则 Y2 为 ON。

图 3-62　DHSZ 指令使用

4. 速度检测指令 SPD（FNC56）

功能：用来检测给定时间内从高速计数器输入端输入的脉冲数，并计算出速度，如图 3-63 所示。

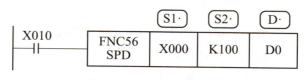

图 3-63　SPD 指令使用

将 S1 指定的输入脉冲在 S2 指定的时间（单位为 ms）内计数，将其结果存入 D 指定的软元件中。通过反复操作，能在 D 中得到脉冲密度（即与旋转速度成比例的值）。D 占有 3 点的软元件。在图 3-63 中，X010 置 ON 时，D1 对 X0 的 OFF → ON 动作计数，100 ms 后将其结果存入 D0 中。随之 D1 复位，再次对 X0 的动作计数，D2 用于测定剩余时间，在此被指定的输入 X0~X5 不能与高速计数器及终端输入重复使用。

六、任务习题

（1）某三相反应式步进电动机转子有 40 个磁极，采用单三拍供电，步距角为（　　）。

A. 1.5°　　　　　　　　　　B. 3°　　　　　　　　　　C. 9°

（2）某三相反应式步进电动机采用六拍供电，通电次序为（　　）。

A. A → B → C → AB → BC → CA → A

B. A → BC → B → AC → C → BA → A

C. A → AB → B → BC → C → CA → A

（3）一台三相磁阻式步进电动机，采用三相单三拍方式通电时，步距角为 1.5°，则其转子齿数为（　　）。

A. 40　　　　　　　　　　B. 60　　　　　　　　　　C. 80

（4）对于同一台三相反应式步进电动机，频率特性最差的是（　　）。

A. 单三拍控制方式　　　　B. 双三拍控制方式　　　　C. 六拍控制方式

（5）同一台步进电动机通电拍数增加一倍，步距角减少为原来的一半，控制的精度将有所提高。　　　　　　　　　　　　　　　　　　　　　　　　　　　　（　　）

（6）不论通电拍数为多少，步进电动机步距角与通电拍数的乘积等于转子一个磁极在空间所占的角度。　　　　　　　　　　　　　　　　　　　　　　　　　　（　　）

（7）步进电动机的作用是什么？其转速是由哪些因素决定的？

（8）根据所学内容填写表 3-32。

表 3-32　步进电动机的安装与调试工作任务评价表

序号	内容	配分	评分标准	得分
1	电箱内主要器件选择	5	少用器件或用错器件，扣 1 分 / 件	
2	线路连接	30	（1）少接线，或多接线，或接错线，或接线不牢，或外露铜丝过长，扣 3 分 / 根。 （2）中性线未通过接零排，或地线不经过地线排，扣 5 分 / 处。 （3）由于接错线或接线工艺差引起电气控制电路部分跳闸，则该项不得分；如果引起整个设备跳闸，则该大项不得分	
3	接线工艺	25	（1）箱内连接的 BVR 线未入线槽，或未盖盖板，扣 1 分 / 处。 （2）导线未用接线端子，或未编号，扣 1 分 / 处	
4	器件参数设置	5	未按要求设置参数或参数设置错误，扣 1 分 / 处	
5	设备功能调试	25	（1）操作不正确，扣 3 分 / 处。 （2）不能启动设备运行，该项不得分。 （3）操作正确时功能不符合设备要求，扣 3 分 / 处；如果是接线错误造成的，则还需要扣线路连接分	
6	安全操作规程	5	符合要求得 5 分，基本符合要求得 3 分，一般得 1 分（有严重违规可以一项否决，如不听劝阻，可终止操作）	
7	工具、耗材摆放、废料处理	3	根据情况符合要求得 3 分，有 2 处错得 1 分，2 处以上错得 0 分	
8	工位整洁	2	根据情况，做到得 2 分，未做到扣 2 分	

任务四　伺服电动机的安装与调试

一、任务引入

某金属加工厂现有一台自动钻孔机，工件移动平台由伺服电动机 M4 的正、反转拖动，现在需要进行伺服电动机的安装与调试。

二、任务目标

（1）了解伺服电动机的结构、工作原理及组成。
（2）掌握伺服电动机的控制方法。
（3）能根据接线图选用不同型号螺丝刀独立完成电气线路连接。
（4）能依据电气原理图，使用万用表等电工工具完成线路的主电路断路、主电路短路和控制电路检测。
（5）能合作完成伺服电动机的 PLC 控制程序的编制。

三、基础知识

伺服电动机是一种把输入控制电压信号变为转轴的角位移或角速度输出的电动机，其转轴的转向与转速随电压信号的方向和大小而改变。控制信号消失，转子立即停转；并且能带动一定大小的负载，在自动控制系统中作为执行元件，故伺服电动机又称为执行电动机。根据供电电压类型的不同，伺服电动机分为直流伺服电动机和交流伺服电动机两大类。直流伺服电动机输出功率较大，一般可达几百瓦；交流伺服电动机输出功率较小，一般为几十瓦。本书主要介绍交流伺服电动机。

1. 交流伺服电动机

如果交流伺服电动机的参数选择和一般单相异步电动机相似，那么电动机一经转动，即使控制等于零，电动机仍继续转动，这时电动机失去控制，这种现象称为"自转"。而伺服电动机被严格要求不能"自转"。

交流伺服电动机就是两相异步电动机，其定子两相绕组空间互成 90° 电角度的两个绕组：励磁绕组和控制绕组，运行时励磁绕组始终加上一定的交流励磁电压，控制绕组则加上大小或相位随信号变化的控制电压。转子的结构分为笼型转子和空心杯型转子两种。

1）工作原理的分析

控制电压 $\dot{U}_2$ 与电源电压 $\dot{U}$ 频率相同，相位相同或反相。工作时两个绕组中产生的电流 $\dot{i}_1$ 和 $\dot{i}_2$ 的相位差接近于 90°，因此便产生两相旋转磁场。在旋转磁场的作用下，转子便转动起来，交流伺服电动机的工作原理的分析如图 3-64 所示。

2）笼型转子交流伺服电动机

笼型转子的结构与一般笼型异步电动机的转子相同，但做得更细长，且转子导体用高电阻率的材料制

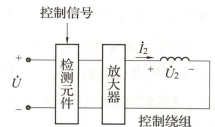

图 3-64　交流伺服电动机的工作原理的分析

作而成。其目的是减小转子的转动惯量,增加启动转矩对输入信号的快速反应和克服自转现象。

3)空心杯型转子交流伺服电动机

空心杯型转子交流伺服电动机的定子分为外定子和内定子两部分,其结构如图3-65所示。

外定子的结构与笼型交流伺服电动机的定子相同,铁芯槽内放有两相绕组。内定子也用硅钢片叠成,仅作为主磁通的通路;空心杯型转子由导电的非磁性材料(如铝)做成薄壁筒形,放在内、外定子之间。杯子底部固定于转轴上,杯臂薄而轻,厚度一般在0.2~0.8 mm,因而转动惯量小,动作快且灵敏。

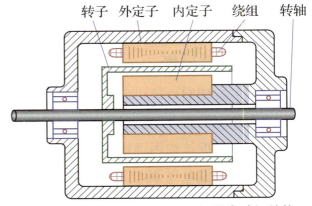

图 3-65 空心杯形转子交流伺服电动机结构

2. 交流伺服电动机的 3 种控制方法

交流伺服电动机的 3 种控制方法分别为幅值控制、相位控制和幅值 – 相位控制。

1)幅值控制及特性

幅值控制通过改变控制电压 U_k 的大小来控制电机转速,此时控制电压 U_k 与励磁电压 U_f 之间的相位差始终保持 90° 电角度。控制绕组为额定电压时所产生的气隙磁通势为圆形旋转磁通势,产生的电磁转矩最大。幅值控制接线如图3-66所示。

2)相位控制及特性

相位控制是由改变控制绕组上电压的相位实现控制交流伺服电动机转速的控制方式。通过改变控制电压 U_k 与励磁电压 U_f 之间的相位差来实现对电机转速和转向的控制,而控制电压的幅值保持不变。相位控制接线如图3-67所示。

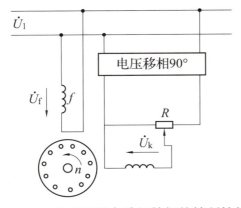

图 3-66 交流伺服电动机的幅值控制接线

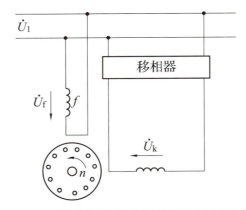

图 3-67 交流伺服电动机的相位控制接线

3)幅值 – 相位控制及特性

交流伺服电动机的幅值 – 相位控制接线如图3-68所示。图中励磁绕组串联电容后接至交流电源,控制绕组的电压频率和相位及电源相同,但幅值可调。

3. 交流伺服电动机的主要特性参数

和直流伺服电动机相比,交流伺服电动机没有电刷和换向器,避免了火花产生;和异步电动机相比,由于交流伺服电动机的转子是永磁体,在很低的频率下也能运行,因此在相同的条件下,交流伺服电动机的调速范围比异步电动机更宽,同时对转矩扰动有更强的承受力,能更快地响应,满足数控机床对进给电动机的要求。因此,交流伺服电动机取代了直流伺服电动机,在数控机床进给驱动中得到了广泛应用。交流伺服电动机的主要特性参数如表3-33所示。

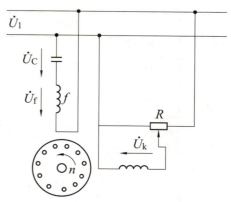

图 3-68　交流伺服电动机的幅值-相位控制接线

表 3-33　交流伺服电动机的主要特性参数

序号	数据名称	数据功能描述
1	额定功率	电动机长时间连续运行所能输出的最大功率,约为额定转矩与额定转速的乘积
2	额定转矩	电动机在额定转速下所能长时间输出的工作转矩
3	额定转速	由额定功率和额定转矩决定,通常在额定转速以上工作时,随着转速的升高,电动机所能长时间输出的工作转矩要下降
4	瞬时最大转矩	电动机所能输出的瞬时最大转矩
5	最高转速	电动机的最高工作转速
6	电动机转子惯量	转子转动惯量小,可以满足快速启动和无"自转"的伺服要求

4. 伺服驱动器

伺服驱动器又称为"伺服放大器",属于伺服系统的一部分。AC(自动控制交流)伺服器类似于变频器,作用于普通交流电动机,将工频交流电源转换成幅度和频率均可调的交流电源供给伺服电动机。伺服驱动器一般通过位置、速度和力矩3种方式对伺服电动机进行控制,从而实现高精度的传动系统定位。

1)伺服驱动器的工作原理

主流的伺服驱动器均采用数字信号处理器(DSP)作为控制核心,可以实现比较复杂的控制算法,实现数字化、网络化和智能化。功率器件普遍采用以智能功率模块(IPM)为核心设计的驱动电路。IPM内部集成了驱动电路,同时具有过电压、过电流、过热、欠压等故障检测保护电路,在主回路中还加入软启动电路,以减小启动过程对驱动器的冲击。功率驱动单元首先通过三相全桥整流电路对输入的三相电或者市电进行整流,得到相应的直流电。经过整流的三相电或市电,再通过三相正弦PWM电压型逆变器变频来驱动三相永磁式同步交流伺服电动机。功率驱动单元的整个过程就是 AC → DC → AC 的过程。整流单元(AC/DC)主要的拓扑电路是三相全桥不控整流电路，伺服驱动器的结构如图3-69所示。

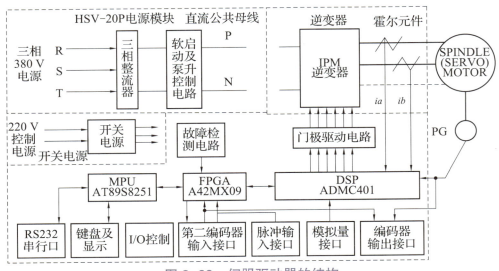

图 3-69　伺服驱动器的结构

2）台达伺服驱动器

（1）伺服驱动器面板与接口。

现在使用较多的是台达 ASDA-AB 伺服驱动器，其属于进阶泛用型，内置泛用功能应用，能够减少机电整合的差异成本，本任务以此为例进行介绍。除了可简化配线和操作设定，用户可以大幅提升电动机尺寸的对应性和产品特性的匹配度，可方便的替换其他品牌，且针对专用机提供了多样化的操作选择。台达 ASDA-AB 伺服驱动器的面板及接口名称与功能如图3-70所示。

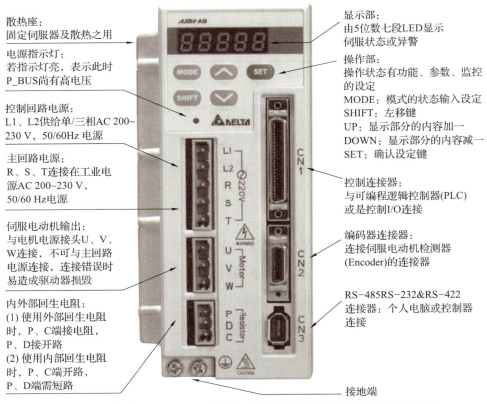

图 3-70　台达 ASDA-AB 伺服驱动器的面板及接口名称与功能

（2）操作面板说明。

台达 ASDA-AB 伺服驱动器的参数共有 187 个，P0-××、P1-××、P2-××、P3-××、P4-××，可以在驱动器的面板上进行设置，操作面板各部分名称如图 3-71 所示，各个键的功能如表 3-34 所示。

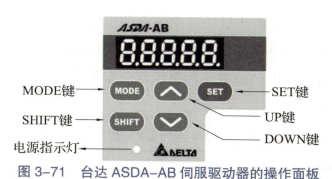

图 3-71　台达 ASDA-AB 伺服驱动器的操作面板

表 3-34　台达 ASDA-AB 伺服驱动器操作面板各键的功能

名称	功能
显示器	用于显示监控值、参数值及设定值
电源指示灯	用于主电源回路电容量的充电显示
MODE 键	进入参数模式或脱离参数模式及设定模式
SHIFT 键	参数模式下可改变群组码，设定模式下闪烁字符左移可用于修正较高的设定字符值
UP 键	变更监控码、参数码或设定值
DOWN 键	变更监控码、参数码或设定值
SET 键	显示及储存设定值

（3）参数设置操作说明。

驱动器电源接通时，显示器会先持续显示监视变量符号约 1 s，然后才进入监控模式。按 <MODE> 键可切换参数模式→监视模式→异警模式，若无异警发生则略过异警模式。当有新的异警发生时，无论在何种模式都会马上切换到异警显示模式下，按 <MODE> 键可以切换到其他模式，当连续 20 s 没有任何键被按下，则会自动切换回异警模式。

在监视模式下，若按下 <UP/DOWN> 键可切换监视变量。此时，监视变量符号会持续显示约 1 s。在参数模式下，按 <SHIFT> 键可切换群组码，按 <UP/DOWN> 键可变更后两字符参数码。在参数模式下，按 <SET> 键，系统立即进入编辑设定模式。显示器同时会显示此参数对应的设定值，此时可利用 <UP/DOWN> 键修改参数值，或按 <MODE> 键脱离编辑设定模式并回到参数模式。在编辑设定模式下，可按 <SHIFT> 键使闪烁字符左移，再利用 <UP/DOWN> 键快速修正较高的设定字符值。

设定值修正完毕后，按下<SET>键，即可进行参数存储或执行命令。完成参数设定后，显示器会显示结束代码<SAVED>，并自动回复到参数模式。

（4）部分参数说明。

在 YL-156A 上，伺服驱动装置工作于位置控制模式，H2U-1616MT 的 Y0 输出脉冲作为伺服驱动器的位置指令，其脉冲的数量决定伺服电动机的旋转位移，脉冲的频率决定了伺服电动机的旋转速度。H2U-1616MT 的 Y1 输出信号作为伺服驱动器的方向指令。对于控制要求较为简单，伺服驱动器可采用自动增益调整模式。根据上述要求，台达 ASDA-AB 伺服驱动器部分参数功能如表 3-35 所示。

表 3-35 台达 ASDA-AB 伺服驱动器部分参数功能

序号	参数编号	参数名称	设置数值	功能含义
1	P0-02	LED 初始状态	00	显示电动机反馈脉冲数
2	P1-00	外部脉冲列指令输入形式设定	2	2：脉冲列"+"符号
3	P1-01	控制模式及控制命令输入源设定	00	位置控制模式（相关代码 Pt）
4	P1-44	电子齿轮比分子（N）	1	指令脉冲输入比值设定 指令脉冲输入 $\xrightarrow{f1}$ $\boxed{\dfrac{N}{M}}$ $\xrightarrow{\text{位置指令}}$ $f2=f1 \times \dfrac{N}{M}$ 指令脉冲输入比值范围：$1/50 < N/M < 200$ 当 P1-44 分子设置为"1"，P1-45 分母设置为"1"时，脉冲数为 10 000，一周脉冲数 $= \dfrac{\text{P1-44 分子}=1}{\text{P1-45 分母}=1} \times 10\,000 = 10\,000$
5	P1-45	电子齿轮比分母（M）	1	
6	P2-00	位置控制比例增益	35	位置控制增益值加大时，可提升位置应答性及缩小位置控制误差量，但若设定太大时，易产生振动及噪声
7	P2-02	位置控制前馈增益	5 000	位置控制命令平滑变动时，增益加大可改善位置跟随误差量，若位置控制命令不平滑变动时，降低增益值可降低机构的运转振动现象
8	P2-08	特殊参数输入	10	10：参数复位

3）伺服驱动器和伺服电动机的连接

台达 ASDA-AB 伺服驱动器的连线图如图 3-72 所示。

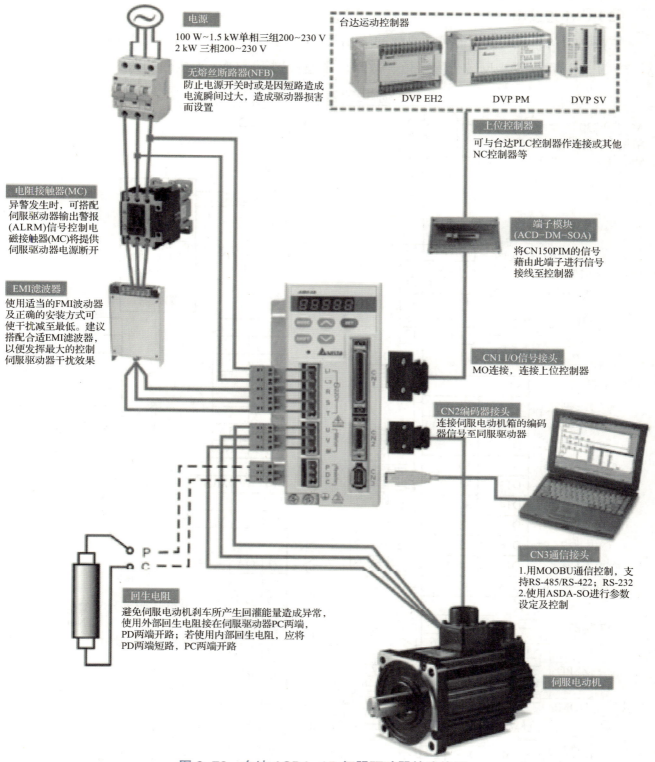

图 3-72 台达 ASDA-AB 伺服驱动器的连线图

下面以 ASDA-AB 型伺服驱动器与 ECMA-C20604RS 的连接作为示例（位置伺服、增量型），按照位置控制运行模式。

（1）伺服驱动器电源。

伺服驱动器的电源端子（R、S）连接二相电源。

（2）CN1 连接图。

主要的几个信号为定位模块的脉冲输出等，编码器的 A、B、Z 的信号脉冲，以及急停、复位、正转行程限位、反转行程限位、故障、零速检测等。CN1 连接图如图 3-73 所示。

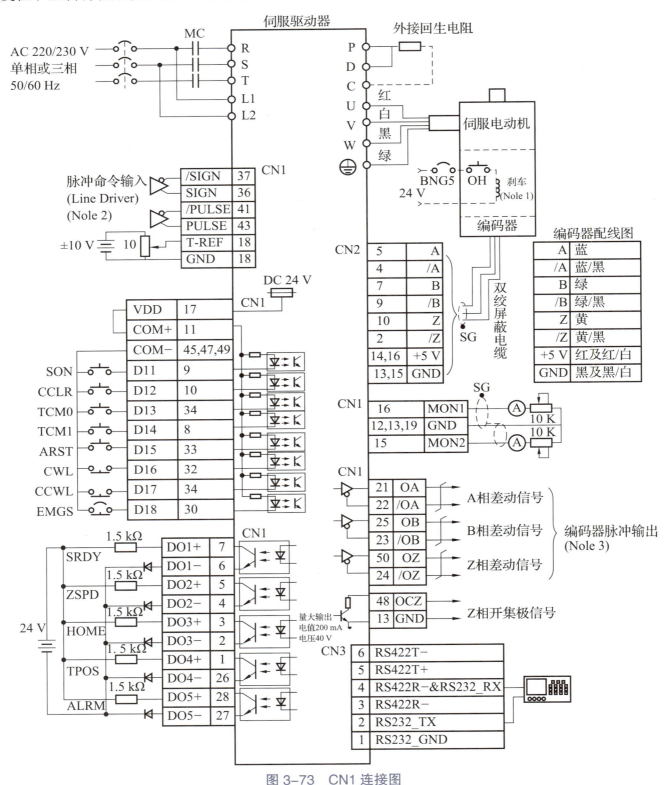

图 3-73　CN1 连接图

（3）CN2 和伺服电动机连接图。

CN2 连接伺服电动机内置编码器，伺服驱动器输出 U、V、W，依次连接伺服电动机 2、3、4 引脚，相序不能出错。伺服报警信号接入内部电磁制动器。CN2 和伺服电动机连接图如图 3-74 所示。

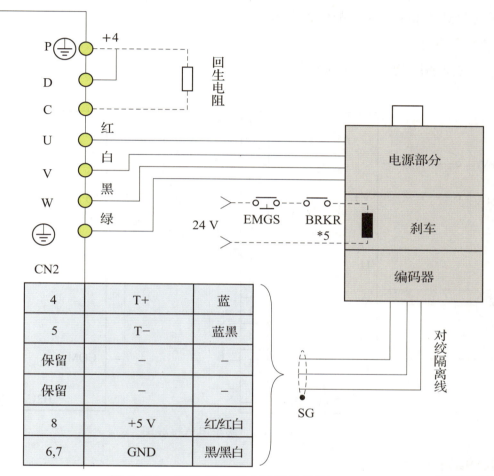

图 3-74　CN2 和伺服电动机连接图

四、任务实施

1. 实施方案

1）系统分析

自动钻孔机工件移动平台由伺服电动机 M4 的正、反转拖动。按下启动按钮 SB1，M4 伺服电动机顺时针启动运行，带动钻孔机主轴向左移动，移动距离根据工件加工要求由触摸屏设置（初始默认设置为 5 cm，即步进电动机转动 5 圈）。加工完毕后按下停止按钮 SB2，M4 伺服电动机逆时针启动运行，带动钻孔机主轴向右移动（移动距离等于向左移动的距离）。移动到位后 M4 伺服电动机停止转动。

2）硬件配置选型

本系统在 YL-156A 电气控制技术实训考核装置上主要使用的硬件包括 PLC、标准恒压源、中间继电器、电磁阀、光电编码器、伺服电动机、伺服驱动器位置传感器等器件。具体的选型包括汇川 PLC（H2u-1616MT）1 个，ASDA-AB 型伺服驱动器 1 个与 ECMA-C20604RS 伺服电动机 1 个。

2. 电气设计与安装

1）I/O 地址分配表

伺服电动机的 I/O 地址分配可参考表 3-29。

2）电气原理图

系统电气接线图如图 3-75 所示。

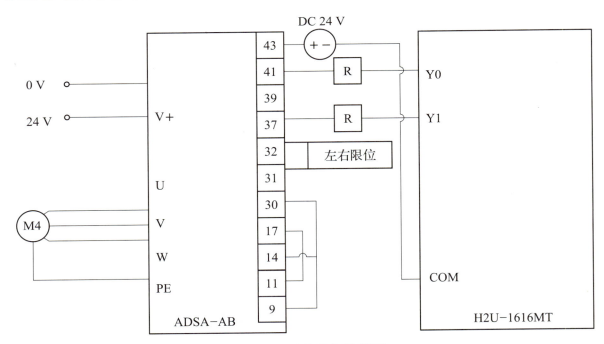

图 3-75 系统电气接线图

3. 软件组态设计

伺服电动机的安装与调试组态界面如图 3-76 所示。

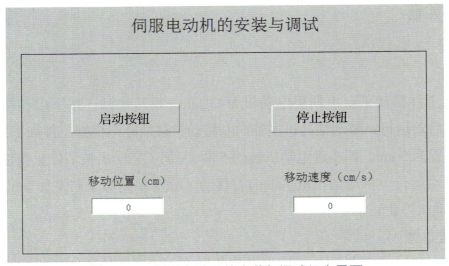

图 3-76 伺服电动机的安装与调试组态界面

触摸屏变量与 PLC 变量的连接地址分配参考表 3-30。

4. PLC 程序设计

根据手动控制要求进行 PLC 控制程序的设计：按下启动按钮后，电动机 M4 按照给定速度进行运动；按下停止按钮，整个系统停止工作，PLC 梯形图如图 3-77 所示。

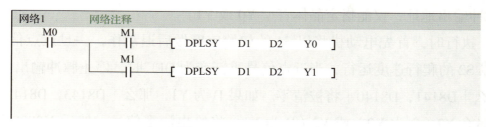

图 3-77　PLC 梯形图

5. 整体调试

在完成项目电气系统安装和软件设计后，开始调试。调试分为通电前调试和通电后调试，通电调试时可先连接输入设备、再连接输出设备、然后接上实际负载等逐步进行调试。系统调试要求如表 3-36 所示。通电前，必须征得指导老师同意，并在指导老师的监护下进行通电测试。

表 3-36　系统调试要求

通电前调试	（1）首先进行自检，按照电路原理图或接线图，逐段核对接线端子连接是否正确，线路间绝缘是否良好；有无漏接、错接，端子是否拧紧。 （2）重点检查各器件电源，特别是要检查 PLC、步进驱动器、电动机主电路等电源接入端是否存在短路，检查 PLC 输入和输出电源回路
通电后调试	（1）PLC 程序、HMI 画面分别下载，连接后同时运行。 （2）按下启动按钮，观察触摸屏上显示情况。 （3）按下停止按钮 SB2，系统停止 若出现故障，必须先切断电源，由学生独立排查故障。先排除硬件故障，然后再根据现象功能修改 PLC 程序和触摸屏画面。若要再次通电，必须在指导老师监护下进行

五、任务拓展

使用相对、绝对指令实现上述流程。

1. 原点回位指令 ZRN

原点回位指令 ZRN 如图 3-78 所示。

图 3-78　原点回位指令 ZRN

［S1·］：原点回归速度，需要指定回归原点开始时的速度，16位指令范围为10~32 767 Hz，32位指令范围为10~100 000 Hz。

［S2·］：爬行速度，指当近点信号置ON时的速度，指定范围为10~32 767 Hz。

［S3·］：近点信号，指定近点信号的输入。

［D］：脉冲输出地址，仅能指定晶体管型Y0或Y1。

当该指令执行时，首先电动机将以S1的初始速度做后退动作，一旦近点信号置ON，那么电动机将以S2的爬行速度运行，当近点信号重新变为OFF时，停止脉冲输出。同时，如果D为Y0，那么［D8141，D8140］将被清零。如果D为Y1，那么［D8143，D8142］将被清零。一旦清零，那么Y2（D为Y0）或Y3（D为Y1）将给出清零信号。然后M8029将置ON，给出执行完成信号。

2. 相对位置控制指令 DRVI

相对位置控制指令 DRVI 如图 3-79 所示。

图 3-79　DRVI 相对位置控制指令

［S1·］：指定输出的脉冲数；16位指令的数量范围为 –32 768~+32 767 Hz，32位指令的数量范围为 –999 999~+999 999 Hz。

［S2·］：指定输出脉冲频率；16位指令的数量范围为10~+32 767Hz，32位指令的数量范围为10~100 000 Hz。

［D1·］：输出脉冲的输出端口，晶体管型Y0或Y1。

［D2·］：指定方向的输出端口。

当该指令的执行条件满足时，那么可编程逻辑控制器就向D1发送脉冲。方向由S1决定，当S1为正值时，D2为ON；当S1为负值时，D2为OFF。这样以S2指定的频率发送脉冲，并采用［D8141，D8140］（D1为Y0）以及［D8143，D8142］（D1为Y1）记录相对位置脉冲数，反转即数值减小。脉冲发送完，M8029置ON。

3. 绝对位置控制指令 DRVA

绝对位置控制指令 DRVA 如图 3-80 所示。

图 3-80　绝对位置控制指令 DRVA

［S1·］：目标位置（绝对地址）：16位指令的数量范围为 –32 768~+32 767 Hz，32位指令的数量范围为 –999 999~+999 999 Hz。

［S2·］：指定输出脉冲频率；16位指令的数量范围为10~+32 767 Hz，32位指令的数量范

围为 10~100 000 Hz。

［D1·］：输出脉冲的输出端口，晶体管型 Y0 或 Y1。

［D2·］：指定方向的输出端口。

当该指令的执行条件满足时，可编程控制器就向 D1 发送脉冲。方向由 S1 与当前位置决定，当 S1 减当前位置为正值时，D2 为 ON；当 S1 减当前位置为负值时，D2 为 OFF。这样以 S2 指定的频率发送脉冲，并采用［D8141，D8140］（D1 为 Y0）以及［D8143，D8142］（D1 为 Y1）记录绝对位置脉冲数，反转即数值减小。脉冲发送完，M8029 置 ON。

六、任务习题

（1）伺服电动机按其使用电源的性质，可分为（　　）大类。

A. 他励和永磁　　　　　　　　　　B. 同步和异步

C. 交流和直流　　　　　　　　　　D. 有槽和无槽

（2）直流伺服电动机的结构、原理与一般（　　）基本相同。

A. 直流电动机　　　　　　　　　　B. 异步电动机

C. 直流发电机　　　　　　　　　　D. 同步电动机

（3）交流伺服电动机控制绕组与（　　）相连。

A. 信号电压　　　　　　　　　　　B. 励磁绕组

C. 直流电源　　　　　　　　　　　D. 交流电源

（4）伺服电动机是一种把输入＿＿＿＿信号变为＿＿＿＿或＿＿＿＿的电动机。

（5）根据供电电压类型的不同，伺服电动机分＿＿＿＿和＿＿＿＿两大类。

（6）直流伺服电动机按磁极的种类划分为两种：一种是＿＿＿＿，另一种是＿＿＿＿。

（7）交流伺服电动机就是两相异步电动机，其定子两相绕组空间互成＿＿＿＿电角度的两个绕组：励磁绕组和控制绕组。

（8）交流伺服电动机的 3 种控制方法：＿＿＿＿、＿＿＿＿和＿＿＿＿。

（9）直流伺服电动机实际上就是一台自励式直流电动机。（　　）

（10）交流伺服电动机的控制方式有三种：幅值控制、相位控制和幅值相位控制。（　　）

（11）什么是"自转"现象？两相伺服电动机如何防止自转？

（12）直流伺服电动机的励磁电压下降，对电动机的机械特性和调速特性有何影响？

（13）根据所学内容填写表 3-37。

表 3-37　伺服电动机的安装与调试工作任务评价表

序号	内容	配分	评分标准	得分
1	电箱内主要器件选择	5	少用器件或用错器件，扣 1 分 / 件	

续表

序号	内容	配分	评分标准	得分
2	线路连接	30	（1）少接线，或多接线，或接错线，或接线不牢，或外露铜丝过长，扣3分/根。 （2）中性线未通过接零排，或地线不经过地线排，扣5分/处。 （3）由于接错线或接线工艺差引起电气控制电路部分跳闸，则该项不得分；如果引起整个设备跳闸，则该大项不得分	
3	接线工艺	25	（1）箱内连接的BVR线未入线槽，或未盖盖板，扣1分/处。 （2）导线未用接线端子，或未编号，1分/处	
4	器件参数设置	5	未按要求设置参数或参数设置错误，扣1分/处	
5	设备功能调试	25	（1）操作不正确，扣3分/处。 （2）不能启动设备运行，该项不得分。 （3）操作正确时功能不符合设备要求，扣3分/处；如果是接线错误造成的，则还需要扣线路连接分	
6	安全操作规程	5	符合要求得5分，基本符合要求得3分，一般得1分（有严重违规可以一项否决，如不听劝阻，可终止操作）	
7	工具、耗材摆放、废料处理	3	根据情况符合要求得3分，有2处错得1分，2处以上错得0分	
8	工位整洁	2	根据情况，做到得2分，未做到扣2分	

任务五　三轴钻孔机控制电路安装与调试

一、任务引入

某三轴钻孔机的主轴旋转由一台型号为 YS5021 的三相异步电动机 M1（星三角）拖动；主轴的左、右移动由步进电动机 M2 的正、反转拖动；主轴进给电动机是一台型号为 YS5024、带离心开关的三相异步电动机 M3，通过变频器拖动其正、反转，多速运行；工件移动平台由伺服电动机 M4 的正、反转拖动。本任务设备电气控制原理图如图 3-2 所示，设备通过电气控制箱的按钮、指示灯及触摸屏对设备运行进行监视和控制。

二、任务目标

（1）了解三轴钻孔机控制电路电力拖动特点及控制要求。

（2）掌握三相交流异步电动机的 Y-△降压启动控制的工作原理分析方法、结构及运动形式。

（3）掌握变频器的工作原理、使用和参数的设置。

（4）掌握步进电动机的工作原理、使用和参数的设置。

（5）掌握伺服电动机的工作原理、使用和参数的设置。

（6）能识别三轴钻孔机控制电路的接线图和电气原理图。

（7）能根据接线图选用不同型号螺丝刀独立完成电气线路连接。

（8）能依据电气原理图，使用万用表等电工工具完成线路的主电路断路、主电路短路和控制电路检测。

（9）能合作完成三相交流异步电动机的 Y-△降压 PLC 控制程序的编制。

（10）能合作完成变频器的多段调速应用与 PLC 编程。

（11）能合作完成步进电动机的应用与 PLC 编程。

（12）能合作完成伺服电动机的应用与 PLC 编程。

三、任务实施

1. 设备调试

开始运行前将 SA1 旋转到右位开始调试，同时 HL1 常亮。可分别对电动机 M1、M2、M3、M4 进行调试和检查。

主轴电动机 M1 调试：按下启动按钮 SB2 或触摸屏主轴开始工作，按下停止键 SB3 或触摸屏后主轴停止工作。

电动机 M2 调试：在相应的选择框内，第一次按下启动按钮（触摸屏）时电动机开始转动，第二次按下启动按钮（触摸屏）时电动机停止工作；当按下停止按钮（触摸屏），电动机停止转动。

电动机 M3 调试：在相应的选择框内，选择好方向和速度，按下启动按钮（触摸屏）电动机开始工作，按下停止按钮（触摸屏），电动机停止工作。

电动机 M4 调试：在相应的选择框内，按下正转按钮，接着按下启动按钮（触摸屏），电动机开始运行，按下 SQ1 电动机停止运行；按下反转按钮，接着按下启动按钮（触摸屏），电动机开始运行，按下 SQ2 电动机停止运行；电动机运行时按下停止按钮（触摸屏），无论正转与反转电动机都停止转动。

2. 保护和停止

当遇到紧急情况按下急停按钮 SB1、电动机过载热继电器 FR1 或 FR2 动作时，设备将立即停止工作，同时，HL2 以 1 Hz 的频率闪烁，HL1 熄灭；排除故障或松开急停开关后方可重新启动。

3. 触摸屏界面

三轴钻孔机设备触摸屏界面如图 3-81 所示。

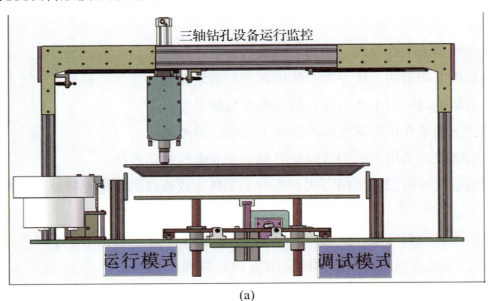

(a)

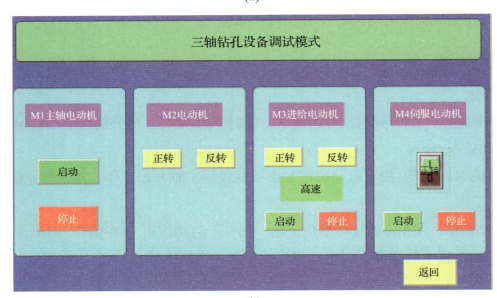

(b)

图 3-81　三轴钻孔设备触摸屏界面

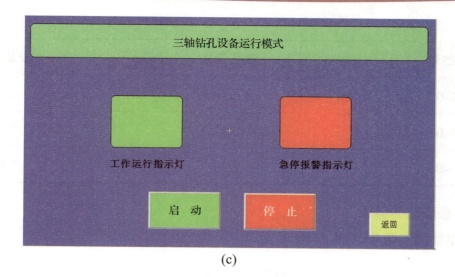

(c)

图 3-81 三轴钻孔设备触摸屏界面（续）
(a) 主界面；(b) 调试界面；(c) 运行界面

4. 参数设置

1）汇川变频器参数

汇川变频器参数参考表 3-38 设置。

表 3-38 汇川变频器参数

参数号	参数含义	设定值
FP-01	参数初始化	1
F0-00	命令源选择	1
F0-01	频率源选择	4
F0-04	最大频率	100
F0-06	上限频率	100
F0-09	加速时间 1	1
F0-10	减速时间 1	1
F2-00	DI1 端子功能	1
F2-01	DI2 端子功能	2
F2-02	DI3 端子功能	13
F2-03	DI4 端子功能	14
F2-04	DI5 端子功能	15

续表

参数号	参数含义	设定值
F8-02	多段速1	20
F8-03	多段速2	50
F8-04	多段速3	70

2）台达伺服驱动器参数

台达伺服驱动器参数参考表3-39设置。

表3-39 伺服驱动器参数

参数号	参数含义	设定值
P2-08	恢复出厂值	10
P1-00	脉冲输入形式	2
P1-01	控制模式	0
P1-44	齿轮比分子	10
P1-45	齿轮比分母	1

5. PLC程序设计

根据手动控制要求进行PLC控制程序的设计：按下启动按钮后，电动机M4按照给定速度进行运动；按下停止按钮，整个系统停止工作。PLC梯形图如图3-82所示。

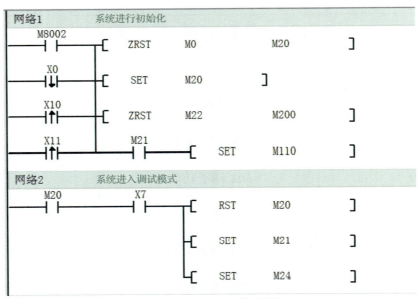

图3-82 PLC梯形图

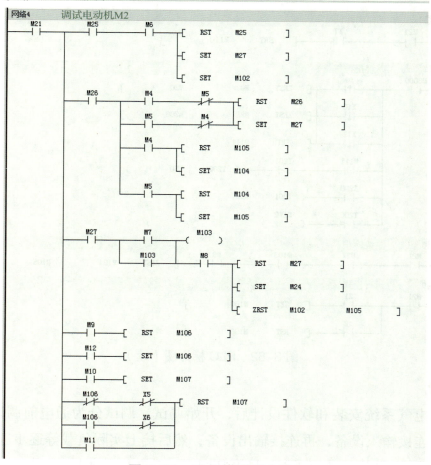

图 3-82 PLC 梯形图（续）

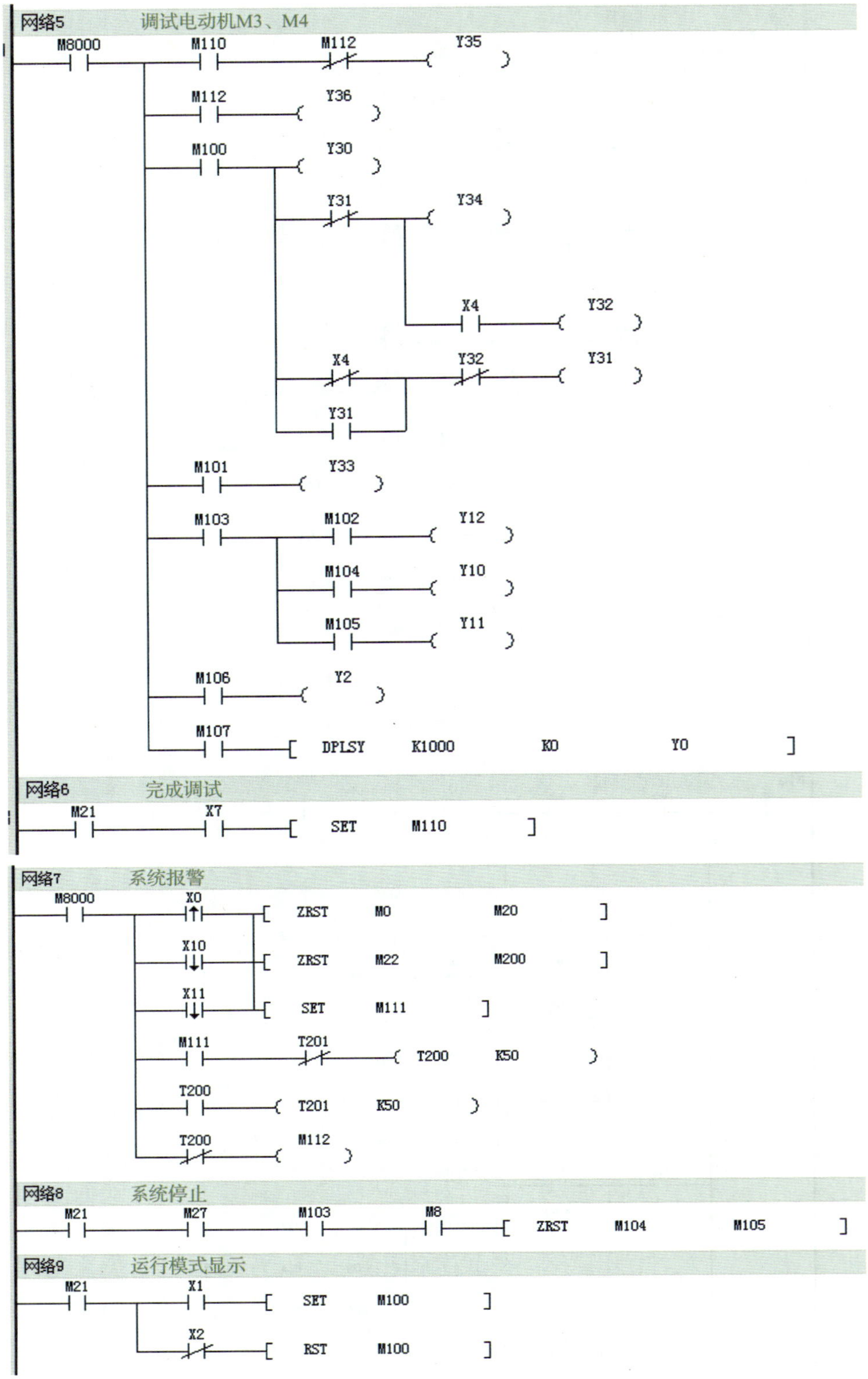

图 3-82 PLC 梯形图（续）

6. 整体调试

在完成项目电气系统安装和软件设计后，开始调试。调试分为通电前调试和通电后调试，通电调试时可先连接输入设备，再连接输出设备，然后接上实际负载等逐步进行调试。具体要求如表 3-40 所示。通电前，必须征得指导老师同意，并在指导老师的监护下进行通电测试。

表 3-40　系统调试要求

调试时间	具体要求
通电前调试	（1）首先进行自检，按照电路原理图或接线图，逐段核对接线端子连接是否正确，线路间绝缘是否良好，有无漏接、错接，端子是否拧紧。 （2）重点检查各器件电源，特别是要检查 PLC、步进驱动器、电动机主电路等电源接入端是否存在短路；检查 PLC 输入和输出电源回路
通电后调试	（1）PLC 程序、HMI 画面分别下载，连接后同时运行。 （2）按下启动按钮，观察触摸屏上显示情况。 （3）按下停止按钮 SB2，系统停止
	若出现故障，必须先切断电源，由学生独立排查故障。先排除硬件故障，然后再根据现象功能修改 PLC 程序和触摸屏画面；若要再次通电，必须在指导老师监护下进行

四、任务习题

以小组为单位，选择演示文稿、展板、海报、录像等形式中的一种或几种，向全班展示、汇报学习成果。

（1）根据任务接线图（图 3-82）和布线工艺要求完成布线。明线布线原则如下。

①布线通道要尽可能少，同路并行导线按主、控电路分类集中，单层密排，紧贴安装面布线。

②同平面的导线应高低一致或前后一致，不能交叉。一定要交叉时，该根导线应在从接线端子引出时就水平架空跨越，且必须走线合理。

③布线应横平竖直、分布均匀。变换走向时应垂直转向。

④布线时严禁损伤线芯和导线绝缘。

⑤布线顺序一般以接触器为中心，按照由里向外、由低至高，先控制电路、后主电路的顺序进行，以不妨碍后续布线为原则。

⑥在每根剥去绝缘层导线的两端套上编码套管。所有从一个接线端子（或接线桩）到另一个接线端子（或接线桩）的导线必须连续，中间无接头。

⑦导线与接线端子或接线桩连接时，不得压绝缘层、不反卷、不露铜过长。同元件、同一回路不同接点的导线间距离应保持一致。

⑧一个电气元件接线端子上的连接导线不得多于两根，每个接线端子板上的连接导线一般只允许连接一根。

按照以上原则进行布线施工，回答以下问题。

①导线与接线端子（排）是如何连接的？你采用的是哪种方式？

②该工作任务完成后，应张贴哪些标签？

（2）自检。

①安装完毕后进行自检。首先直观检查接线是否正确、规范。按电路图或接线图，从电源端开始逐段核对接线及接线端子处线号是否正确、有无漏接或错接之处。检查导线接点是否符合要求、压接是否牢固。同时注意接点接触应良好，以避免带负载运转时产生闪弧现象，将存

在的问题记录下来。

②用万用表检查线路的通断及短路情况。需要分别检测每一个电机线路及 PLC 控制回路的通断及短路情况。请自行设计表格，将每一个回路的通断和短路情况检查结果记录下来，并判断线路是否连接正常。

③用兆欧表检查线路的绝缘电阻，其阻值应不得小于 1 MΩ。将测量结果记录下来。

（3）通电试车。

断电检查无误后，经教师同意，通电试车，观察电动机的运行状态，测量相关技术参数，若存在故障，及时处理。电动机运行正常无误后，标注有关控制功能的铭牌标签，清理施工现场。

①根据现场情况，写出通电试车的步骤。
②根据现场情况，写出通电试车的安全要求有哪些？
③记录操作过程和测试结果。

（4）验收与评价。

对照表 3-41，说明本组的优势以及不足，并针对本组的不足之处下一步要如何进行整改。

表 3-41　三轴钻孔机控制电路安装与调试工作任务评价表

序号	内容	配分	评分标准	得分
1	电箱内主要器件选择	5	少用器件或用错器件，扣 1 分 / 件	
2	线路连接	30	（1）少接线，或多接线，或接错线，或接线不牢，或外露铜丝过长，扣 3 分 / 根。 （2）中性线未通过接零排，或地线不经过地线排，扣 5 分 / 处。 （3）由于接错线或接线工艺差引起电气控制电路部分跳闸，则该项不得分；如果引起整个设备跳闸，则该大项不得分	
3	接线工艺	25	（1）箱内连接的 BVR 线未入线槽，或未盖盖板，扣 1 分 / 处。 （2）导线未用接线端子，或未编号，扣 1 分 / 处	
4	器件参数设置	5	未按要求设置参数或参数设置错误，扣 1 分 / 处	
5	设备功能调试	25	（1）操作不正确，扣 3 分 / 处。 （2）不能启动设备运行，该项不得分。 （3）操作正确时功能不符合设备要求，扣 3 分 / 处；如果是接线错误造成的，则还需要扣线路连接分	
6	安全操作规程	5	符合要求得 5 分，基本符合要求得 3 分，一般得 1 分（有严重违规可以一项否决，如不听劝阻，可终止操作）	
7	工具、耗材摆放、废料处理	3	根据情况符合要求得 3 分，有 2 处错得 1 分，2 处以上错得 0 分	
8	工位整洁	2	根据情况，做到得 2 分，未做到扣 2 分	

项目四

YL-156A 型能力测试单元——智能排故板

```
                        ┌─ 模拟常见家用照明电路
                        │  任务一  电气照明电路故障板的检测
                        │
项目四 YL-156A型能力 ─────┼─ 模拟常见企业用自动卷帘门
测试单元——智能排故板     │  任务二  卷帘门电动机电路故障板的检测
                        │
                        └─ 模拟常见换气系统
                           任务三  风扇电动机电路故障板的检测
```

📖 项目引入

本项目以 YL-156A 型能力测试单元——智能排故板（以下简称智能排故板）为载体，以电气安装与维修职业岗位的典型工作任务为驱动，整合职业能力评价的要求，引入 3 个生产生活中常见的电气控制线路，即照明电路、卷帘门电动机控制电路以及风扇电动机控制电路，旨在培养学生分析问题和解决问题的能力。

本项目需按照电气原理图，在智能排故板上进行照明电路、卷帘门电动机控制电路以及风扇电动机控制电路的故障分析与检测，YL-156A 型能力测试单元实物如图 4-1 所示。

图 4-1 YL-156A 型能力测试单元实物

YL-156A型能力测试单元——智能排故板说明如下。

（1）智能排故板故障的检测需用到万用表、绝缘电阻测试仪、接地电阻测试仪等工具。

（2）可以通过上电观察智能排故板故障现象，根据故障现象，配合仪器仪表来确认故障。

（3）考核方式说明：考核时只能接通外部电源，不需要外接电动机；考核时不能打开线槽查看，只能根据故障现象和面板端子排故，必要时可以打开开关面板和按钮盒进行检测；确认故障点后，无须排除，直接在图纸上标注即可。

（4）故障设置内容，常见故障类型及符号如表4-1所示。

表4-1 常见故障类型及符号

序号	符号	故障名称
1	⚡	短路
2	⊣⊢	开路
3	▭	低绝缘电阻
4	S	错误设定（定时器/热继电器）
5	V	值（错误元件）
6	×	极性/相序（交叉）
7	▯	高电阻

项目目标

（1）掌握照明电路、卷帘门电动机控制电路、风扇电动机控制电路的控制要求。

（2）掌握三相交流异步电动机正、反转控制电路，双速电动机控制电路的工作原理及运动方式。

（3）掌握常见控制电路电气故障类型。

（4）能根据原理图确定检测步骤，并实施检测。

（5）掌握卷帘门电动机控制电路、风扇电动机控制电路的常见故障及检测方法。

（6）通过线路常见故障的检测养成认真负责的工作态度，增强责任担当。

（7）能分析电路故障现象，判断常见电路的故障类型，明确故障发生的范围。

（8）能根据电气原理图以及故障现象，合作进行常见电路的故障检测与判断，明确故障位置。

项目任务

 电气照明电路故障板的检测

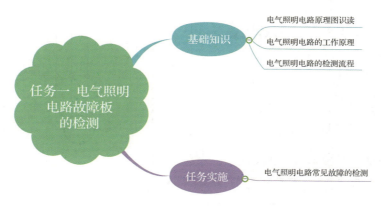

一、任务引入

某工作现场的照明电路共包括 4 个灯位以及 2 个插座,其中灯 1 与灯 2 为两工作场景的照明灯,灯 3 为走廊照明灯,采用异地控制,灯 4 为安全指示灯,用于监控设备、作业人员安全,使用移动探测器进行控制。该电路在使用中发生了一些故障,现请根据图纸及设备故障现象对其进行故障分析。

二、任务目标

(1)掌握电气照明电路的工作原理。
(2)掌握常用检测工具的使用方法。
(3)掌握电气照明电路常见故障的检测方法。
(4)能根据原理图确定检测步骤,并实施检测。
(5)能合作完成照明电路常见故障的排除。
(6)通过线路常见故障的检测养成认真负责的工作态度,增强责任担当。

三、基础知识

1. 电气照明电路原理图的识读

图 4-2 为照明电路的原理图,共包括 4 个灯位和 2 个插座,其中 4 个照明灯由低压断路器 QF4 进行控制,每个灯位配有相应的开关:灯 1、灯 2 由 S1、S2 进行控制;灯 3 为异地控制,由 S3、S4 分别进行两地的控制;灯 4 由移动探测器控制(SB1 代替)。两插座分别由低压断路器 QF5 以及 QF6 进行控制。

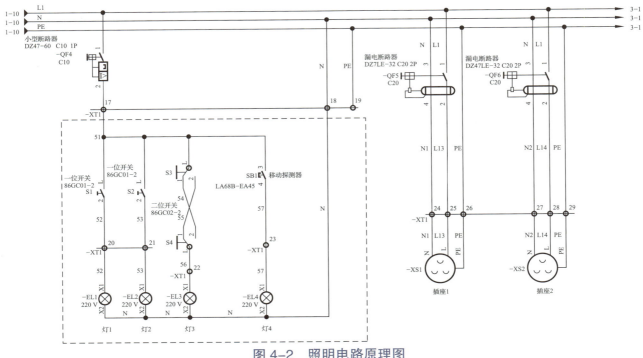

图 4-2 照明电路原理图

2. 电气照明电路的工作原理

合上低压断路器 QF4，按下一位开关 S1，灯 1 通入 220 V 的交流电，灯 1 亮，再次按下，灯 1 灭。按下一位开关 S2，灯 2 亮，再次按下，灯 2 灭。灯 3 为异地控制灯，按下二位开关 S3，灯 3 亮，按下二位开关 S4，灯 3 灭；同理，也可在灯灭时按下二位开关 S4 启动灯 3，通过 S3 灭灯。灯 4 通过移动探测器控制，此处用按钮 SB1 代替，按下灯亮，松开灯灭。

两插座的通电通过低压断路器 QF5、QF6 进行控制。

电气照明电路的工作原理

3. 电气照明电路的检测流程

请注意，以下检测均在未接入电源的情况下进行！

1）短路检测

合上低压断路器 QF4，将万用表表笔分别打在 L1 及 N 处，如图 4-3 所示，按下一位开关 S1，蜂鸣即为灯 1 所在电路短路，不蜂鸣即为正常；同理，按下 S2，可检测出灯 2 所在电路的短路情况；灯 3 为异地控制，需要分别按下 S3、S4，来判断灯 3 所在电路的短路情况；最后，按下 SB1，使用万用表判断灯 4 所在电路的短路情况。

电气照明电路的检测流程——1 短路检测

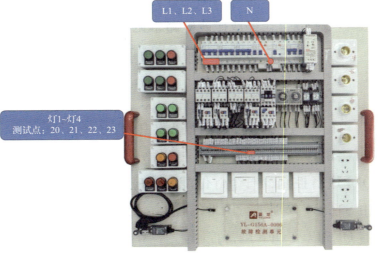

图 4-3 照明电路检测点

2)断路检测

灯1：合上低压断路器QF4，将一表笔打在L1，另一表笔打在短路检测点20处，接通一位开关S1，蜂鸣即为灯1所在电路无断路情况，线路正常。

灯2：合上低压断路器QF4，将一表笔打在L1，另一表笔打在短路检测点21处，接通一位开关S2，蜂鸣即为灯2所在电路无断路情况，线路正常。

灯3：合上低压断路器QF4，将一表笔打在L1，另一表笔打在短路检测点22处，接通双位开关S3/S4，蜂鸣即为灯3所在电路无断路情况，线路正常。

灯4：合上低压断路器QF4，将一表笔打在L1，另一表笔打在短路检测点23处，按下按钮SB1，蜂鸣；松开SB1，蜂鸣停止，线路正常。

3)低绝缘电阻

低绝缘电阻是指火线与火线、火线与零线、火线与地之间的绝缘电阻小于规定值（1 MΩ）。需要使用兆欧表（500 V）或绝缘电阻测试仪等工具对照明电路的所有火线与火线、火线与零线、火线与地之间进行绝缘测试，绝缘电阻小于1MΩ即为低绝缘电阻。

4)高电阻

高电阻指接地电阻值大于规定值（0.5 Ω），原则上应该利用接地电阻测试仪进行接地测试；在比赛过程中也可利用万用表对每一条支路进行电阻测量来判断是否有高电阻故障（一般比赛中串入电阻值较大）。

电气照明电路的检测流程——2 断路检测

四、任务实施

1. 准备工作

（1）整理着装。

在完成工作任务过程中，必须穿_____、_____和戴_____。

（2）准备工具仪表。

需要准备的工具仪表包括：_____。

（3）常用工具的使用方法。

万用表蜂鸣挡：_____。

兆欧表：_____。

2. 故障检测

（1）观察故障现象，确定检测范围与方法。

根据故障现象，结合照明电路原理图，明确故障范围，确定具体检测方法，填写故障检测记录表4-2。例如，当接通一位开关S1时，灯1不亮，即可确定故障范围在灯1所在电路范围，因此采用断路检测即可确定故障点所在位置。

表 4-2 故障检测记录表

故障序号	具体现象	检测范围	检测方法
1			
2			
3			
4			
5			

（2）明确故障类型，标注到原理图对应位置。

照明电路故障标记图如图 4-4 所示。

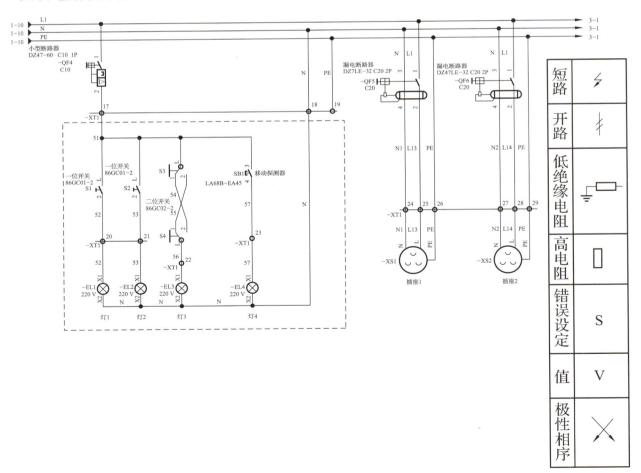

图 4-4 照明电路故障标记图

任务二　卷帘门电动机电路故障板的检测

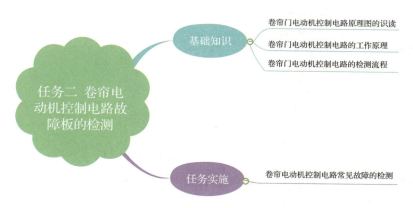

一、任务引入

某工作现场采用三相异步电动机驱动的卷帘门，卷帘门包含正转、反转以及光电检测自动控制的功能。该电路在使用中发生了一些故障，现请根据图纸及设备故障现象对其进行故障分析。

二、任务目标

（1）掌握带限位的正、反转控制电路的工作原理。
（2）掌握常用检测工具的使用方法。
（3）掌握带限位的正、反转电路常见故障的检测方法。
（4）能根据原理图确定检测步骤，并实施检测。
（5）能合作完成卷帘门电动机电路常见故障的排除。
（6）通过线路常见故障的检测养成认真负责的工作态度，增强责任担当。

三、基础知识

1. 卷帘门电动机控制电路原理图的识读

1）主电路原理图识读

图 4-5 为卷帘门电动机主电路原理图，卷帘门电动机为一台三相异步电动机 M1，低压断路器 QF2 将三相电引入主电路，接触器 KM1、KM2 分别控制电动机的正转和反转（KM2 所接线路进行了 1、3 相的调相）。热继电器 KH1、KH2 实现对主电路正、反转电路的过载保护。

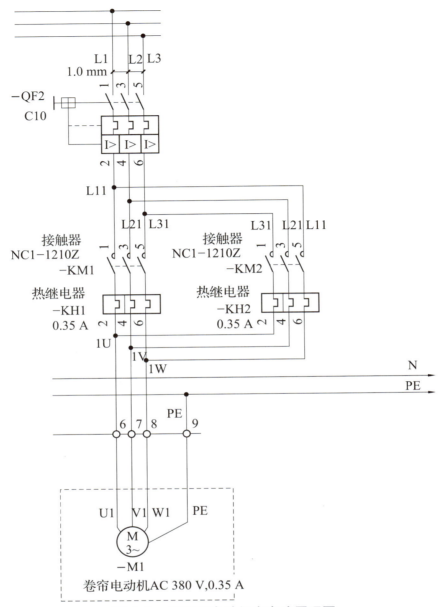

图 4-5 卷帘门电动机主电路原理图

2）控制电路的识读

图 4-6、图 4-7 为两种卷帘门电动机控制电路原理图，三相电通过低压断路器 QF7 通入直流电源中，整流成 24 V 直流电通入控制电路低压断路器 QF8；其中，SB10 为电动机停止按钮，SB11、SB12 为正、反转启动按钮，控制接触器 KM1、KM2 得电，共同实现"正切反"控制要求，并配有相应的指示灯 HL1、HL2；行程开关 SQ1、SQ2 安装在卷帘门上、下限位上，实现对电动机正、反转的限位停止功能；中间继电器 KA1，KA2 配合光电开关 SQ11、SQ12 以及时间继电器 KT1、KT2 实现卷帘门的自动控制功能；热继电器 KH1、KH2 在实现过载保护功能后，接通过载指示灯 HL5。

项目四　YL-156A型能力测试单元——智能排故板

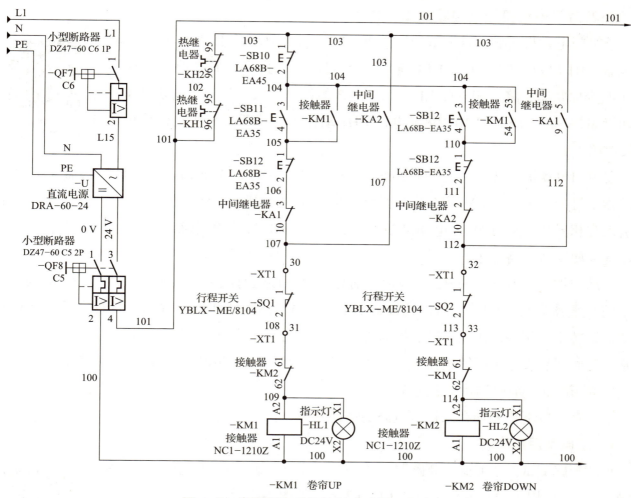

图 4-6　卷帘门电动机控制电路原理图（一）

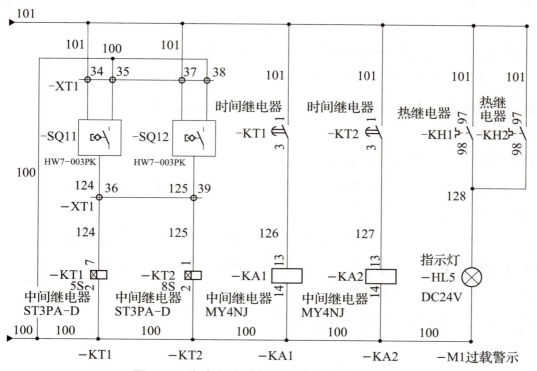

图 4-7　卷帘门电动机控制电路原理图（二）

2. 卷帘门电动机控制电路的工作原理

卷帘门电动机正转：合上低压断路器 QF2、QF7、QF8，按下 SB11，正转接触器 KM1 以及正转指示灯 HL1 通入 24 V 直流电，指示灯 HL1 亮，接触器 KM1 改变原状态，将三相电以 L1 → L2 → L3 的相序引入三相异步电动机 M1，电动机 M1 正转。按下 SB10、热继电器 KH1 动作、行程开关 SQ1 动作均可使正转电路停止。

卷帘门电动机控制电路的工作原理

卷帘门电动机反转：合上低压断路器 QF2、QF7、QF8，按下 SB12，反转接触器 KM2 以及反转指示灯 HL2 通入 24 V 直流电，接触器 KM2 改变原状态，将三相电以 L3 → L2 → L1 的相序引入三相异步电动机 M1，电动机 M1 反转。按下 SB10、热继电器 KH2 动作、行程开关 SQ2 动作均可使反转电路停止。

自动门控：光电开关 SQ12 检测到门前有实物，接通时间继电器 KT2，达到一定时间后接通中间继电器 KA2，KA2 接通正转接触器 KM1，电动机 M1 正转，开门，行程开关 SQ1 保证电动机正转不会超限；同理，当实物运动至门后，光电开关 SQ11 检测，接通时间继电器 KT1，达到一定时间后接通中间继电器 KA1，KA1 接通反转接触器 KM2，电动机 M1 反转，关门。

3. 卷帘门电动机控制电路的检测流程

请注意，以下检测均在未接入电源的情况下进行！

1）主电路短路检测

正转短路测试：合上低压断路器 QF2，手动接通接触器 KM1（按下接触器动触点），将万用表两表笔分别打在 L1、L2 上，如图 4-8 所示，不蜂鸣，即为 L1、L2 两相间无短路情况发生；用同样的方法测试 L1、L3，L2、L3 间是否有短路情况。

卷帘门电动机电路的检测流程

反转短路测试：合上低压断路器 QF2，手动接通接触器 KM2（按下接触器动触点），将万用表两表笔分别打在 L1、L2 上，如图 4-8 所示，不蜂鸣，即为 L1、L2 两相间无短路情况发生；用同样的方法测试 L1、L3，L2、L3 间是否有短路情况。

2）主电路断路检测

正转断路测试：合上低压断路器 QF2，手动接通接触器 KM1（按下接触器动触点），将万用表两表笔分别打在 L1、U1 上，如图 4-8 所示，蜂鸣，即为第一相无断路情况发生；用同样的方法测试 L2、V1，L3、W1 两相。

反转断路测试：合上低压断路器 QF2，手动接通接触器 KM2（按下接触器动触点），将万用表两表笔分别打在 L1、W1 上，如图 4-8 所示，蜂鸣，即为第一相无断路情况发生；用同样的方法测试 L2、V1，L3、U1 两相。

通过此测试方法也能明确电路极性是否正确。

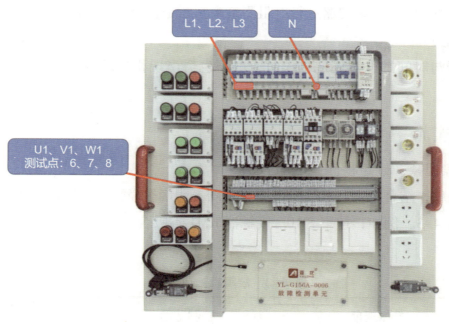

图 4-8 卷帘门电动机电路检测点

3）控制电路检测

正转控制电路检测：合上低压断路器 QF7、QF8，将一表笔打在 L1，另一表笔打在 N 处，按下正转启动按钮 SB11，此时示数约等于接触器 KM1 线圈的内阻（80 Ω 左右），不松 SB11，分别按下热继电器 KH1、KH2 测试按钮，示数变为 1（无穷大）；不松 SB11，按下停止按钮 SB10，示数变为 1（无穷大）；不松 SB11，按下行程开关 SQ1，示数变为 1（无穷大）。不松 SB11，分别按下反转启动按钮 SB12、中间继电器 KA1、反转接触器 KM2，示数会变为反转接触器 KM2 线圈的内阻（80 Ω 左右）。

卷帘门电动机电路的检测流程 – 控制电路

反转控制电路检测：合上低压断路器 QF7、QF8，将一表笔打在 L1，另一表笔打在 N 处，按下反转启动按钮 SB12，此时示数约等于接触器 KM2 线圈的内阻（80 Ω 左右），不松 SB12，分别按下热继电器 KH1、KH2 测试按钮，示数变为 1（无穷大）；不松 SB12，按下停止按钮 SB10，示数变为 1（无穷大）；不松 SB12，按下行程开关 SQ2，示数变为 1（无穷大）。不松 SB12，分别按下正转启动按钮 SB11、中间继电器 KA2、正转接触器 KM1，示数会变为正转接触器 KM1 线圈的内阻（80 Ω 左右）。

光电开关不能在下电状态下接通，检测时使用导线手动接通光电开关以进行测试。

4）低绝缘电阻

低绝缘电阻是指火线与火线、火线与零线、火线与地之间的绝缘电阻小于规定值（1 MΩ）。需要使用兆欧表（500 V）或绝缘电阻测试仪等工具对卷帘门电动机电路的所有火线与火线、火线与零线、火线与地之间进行绝缘测试，绝缘电阻小于 1 MΩ 即为低绝缘电阻。

5）高电阻

高电阻指接地电阻值大于规定值（0.5 Ω），原则上应该利用接地电阻测试仪进行接地测试；也可利用万用表对每一条支路进行电阻测量来判断是否有高电阻故障。

6）错误设定

当热继电器与时间继电器设定错误时，电路也会出现相应的故障，此时需在上电前提前进行检查。

四、任务实施

1. 观察故障现象，确定检测范围与方法

根据故障现象，结合卷帘门电动机电路原理图，明确故障范围，确定具体检测方法，填写故障检测记录表4-3。例如，按下SB1，接触器KM1不吸合，即可确定故障范围是在KM1所在线路上。

表4-3 故障检测记录表

故障序号	具体现象	检测范围	检测方法
1			
2			
3			
4			
5			

2. 明确故障类型，标注到原理图对应位置

1）卷帘门电动机主电路的故障标记

卷帘门电动机主电路的故障标记图如图 4-9 所示。

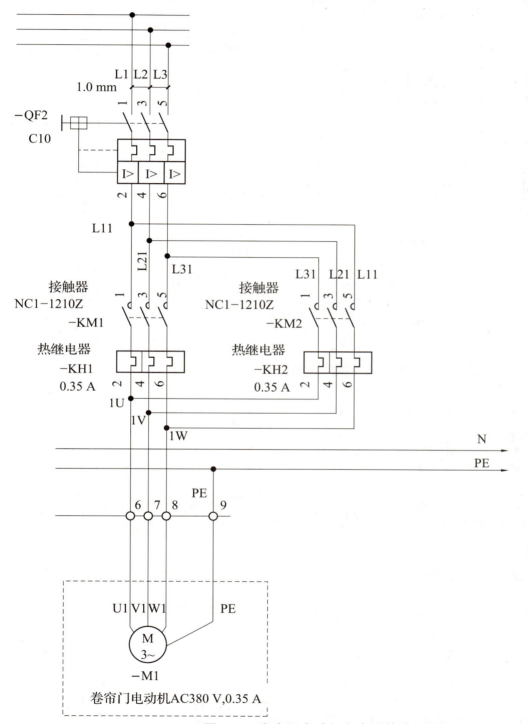

图 4-9　卷帘门电动机主电路故障标记图

2）卷帘门电动机控制电路故障标记

卷帘门电动机控制电路故障标记图分别如图 4-10、图 4-11 所示。

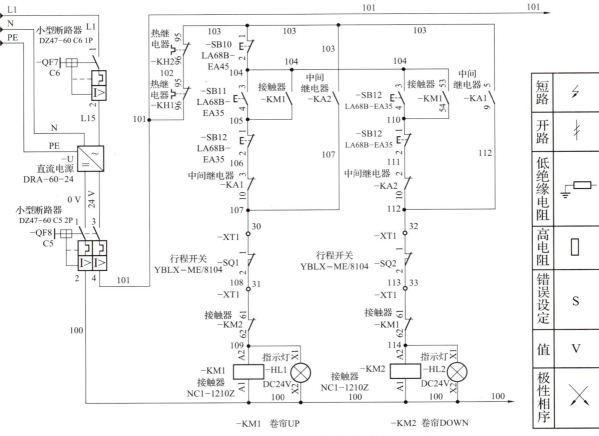

图 4-10　卷帘门电动机控制电路故障标记图（一）

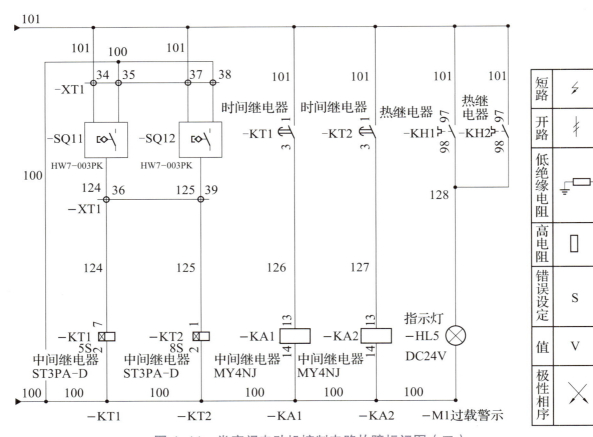

图 4-11　卷帘门电动机控制电路故障标记图（二）

任务三 风扇电动机电路故障板的检测

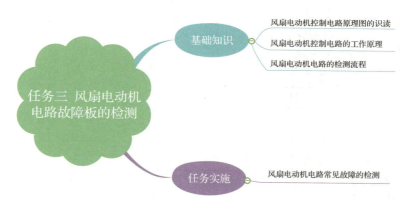

一、任务引入

某工作现场采用三相异步电动机驱动的风扇换气系统,换气系统风扇电动机设有高速、低速两个挡位。该电路在使用中发生了一些故障,现请根据图纸及设备故障现象对其进行故障分析。

二、任务目标

(1)掌握风扇电动机控制电路的工作原理。
(2)掌握常用检测工具的使用方法。
(3)掌握风扇电动机电路常见故障的检测方法。
(4)能根据原理图确定检测步骤,并实施检测。
(5)能合作完成风扇电动机电路常见故障的排除。
(6)通过线路常见故障的检测养成认真负责的工作态度,增强责任担当。

三、基础知识

1. 风扇电动机控制电路原理图的识读

1)主电路原理图识读

图 4-12 为风扇电动机主电路原理图,风扇电动机为一台双速电机 M2,低压断路器 QF3 将三相电引入主电路,接触器 KM3、KM4 控制双速电机的高速挡,KM5 控制双速电机的低速挡。热继电器 KH3、KH4 实现对高、低速电路的过载保护。

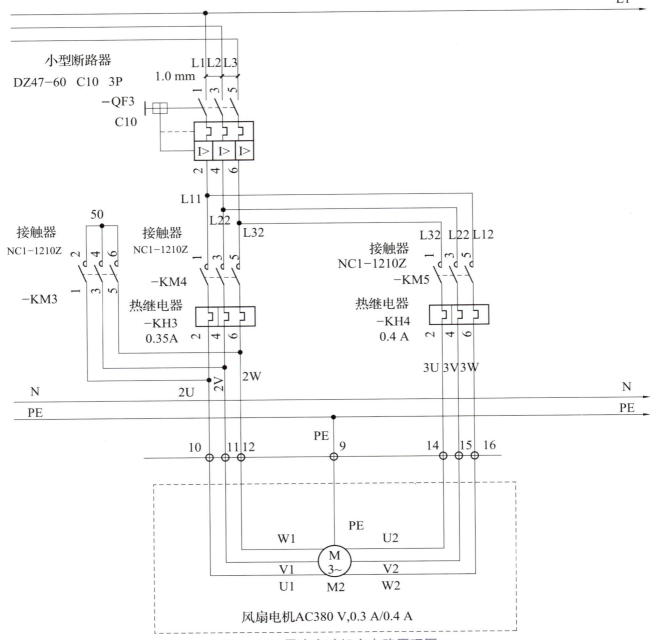

图 4-12 风扇电动机主电路原理图

2）控制电路的识读

图 4-13 为风扇电动机控制电路原理图，其中 SB20 为风扇电动机 M2 停止按钮，SB21 为风扇电动机高速挡启动按钮，启动按钮接通接触器 KM3、KM5 共同实现风扇电动机高速挡的运动，并配有相应的指示灯 HL3；SB22 为风扇电动机低速挡启动按钮，启动按钮接通接触器 KM4 实现风扇电动机低速挡的运动，并配有相应的指示灯 HL4，高、低速控制可以实现直接切换。热继电器 KH3、KH4 对风扇电动机实现过载保护，并设有过载警告灯 HL6。

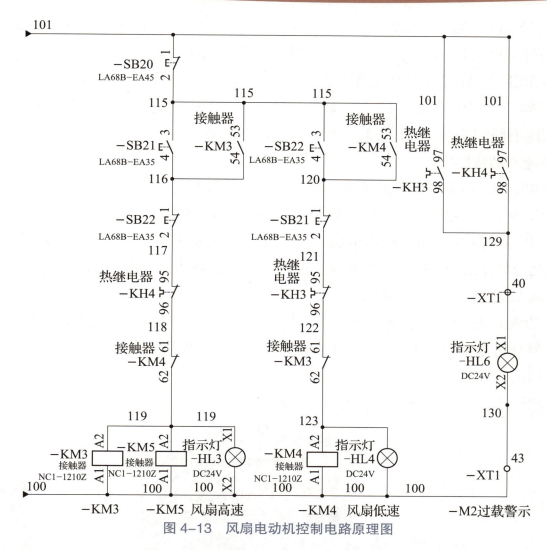

图 4-13　风扇电动机控制电路原理图

2. 风扇电动机控制电路的工作原理

风扇电动机高速挡：按下高速挡启动按钮 SB21，高速挡接触器 KM3、KM5 以及高速挡指示灯 HL3 通入 24 V 直流电，指示灯 HL3 亮，接触器 KM3、KM5 改变原状态，将三相电以倒星形接法引入双速电机 M2，双速电机 M2 高速运动。按下 SB20、热继电器 KH4 动作均可使高速挡运转停止。按下 SB22 可实现低速挡的切换。

风扇电动机低速挡：按下低速挡启动按钮 SB22，低速挡接触器 KM4 以及低速挡指示灯 HL4 通入 24 V 直流电，指示灯 HL4 亮，接触器 KM4 改变原状态，将三相电直接引入双速电机 M2 的 U1、V1、W1 相，双速电机 M2 低速运动。按下 SB20、热继电器 KH4 动作均可使低速挡运转停止。按下 SB21 可实现高速挡的切换。

3. 风扇电动机电路的检测流程

请注意，以下检测均在未接入电源的情况下进行！

1）主电路短路检测

低速挡短路测试：合上低压断路器 QF3，手动接通接触器 KM4（按下接触器动触点），将万用表两表笔分别打在 L1、L2 上，如图 4-14 所示，不蜂鸣，即为 L1、L2 两相间无短路情况发生；用同样的方法测试 L1、L3，L2、L3 间是否有短路情况。

高速挡短路测试：合上低压断路器 QF3，手动接通接触器 KM3、KM5（按下接触器动触点），将万用表两表笔分别打在 L1、L2 上，如图 4-14 所示，不蜂鸣，即为 L1、L2 两相间无短路情况发生；用同样的方法测试 L1、L3，L2、L3 间是否有短路情况。

2）主电路断路检测

KM3 功能测试：手动接通接触器 KM3（按下接触器动触点），将万用表两表笔分别打在 U1-V1、V1-W1、U1-W1 上，如图 4-14 所示，蜂鸣，即 KM3 功能无误。

KM4 功能测试：合上低压断路器 QF3，手动接通接触器 KM4（按下接触器动触点），将万用表两表笔分别打在 L1、U1 上，如图 4-14 所示，蜂鸣，即为第一相无断路情况发生；用同样的方法测试 L2、V1，L3、W1 两相。

KM5 功能测试：合上低压断路器 QF3，手动接通接触器 KM5（按下接触器动触点），将万用表两表笔分别打在 L1、W2 上，如图 4-14 所示，蜂鸣，即为第一相无断路情况发生；用同样的方法测试 L2、V2，L3、U2 两相。

通过此测试方法也能明确电路极性是否正确。

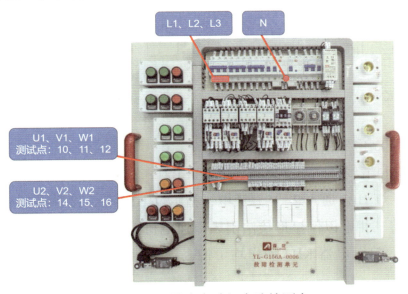

图 4-14　风扇电动机电路检测点

3）控制电路检测

高速挡控制电路检测：合上低压断路器 QF7、QF8，将一表笔打在 L1，另一表笔打在 N 处，按下高速挡启动按钮 SB21，此时示数约等于接触器 KM3、KM5 线圈的内阻（40Ω 左右），不松 SB21，按下停止按钮 SB20，示数变为 1（无穷大）；不松 SB21，按下 SB22，示数变为 1（无穷大）。不松 SB21，按下 KM4 接触器，表示数变为 1（无穷大）。

同理，将启动按钮 SB21 换为自锁接触器 KM3 再次测试一遍。

低速挡控制电路检测：合上低压断路器 QF7、QF8，将一表笔打在 L1，另一表笔打在 N

处，按下低速挡启动按钮 SB22，此时示数约等于接触器 KM4 线圈的内阻（80 Ω 左右），不松 SB22，按下停止按钮 SB20，示数变为 1（无穷大）；不松 SB22，按下 SB21，示数变为 1（无穷大）。不松 SB22，按下 KM3 接触器，示数变为 1（无穷大）。

同理，将启动按钮 SB22 换为自锁接触器 KM4 再次测试一遍。

4）低绝缘电阻

风扇电动机电路中带电导体和接地导体之间的绝缘电阻小于 1 MΩ。使用兆欧表或万用表，在所有照明电路带电导体端与接地导体分别进行测试。

5）高电阻

低绝缘电阻是指火线与火线、火线与零线、火线与地之间的绝缘电阻小于规定值（1 MΩ）。需要使用兆欧表（500 V）或绝缘电阻测试仪等工具对风扇电动机电路的所有火线与火线、火线与零线、火线与地之间进行绝缘测试，绝缘电阻小于 1 MΩ 即为低绝缘电阻。

6）错误设定

高电阻指接地电阻值大于规定值（0.5 Ω），原则上应该利用接地电阻测试仪进行接地测试；在比赛过程中也可利用万用表对每一条支路进行电阻测量来判断是否有高电阻故障（一般比赛中串入电阻值较大）。

四、任务实施

1. 观察故障现象，确定检测范围与方法

根据故障现象，结合风扇电动机电路原理图，明确故障范围，确定具体检测方法，填写故障检测记录表 4-4。例如，按下 SB21，接触器 KM3 不吸合，即可确定故障范围是在 KM3 所在线路上。

表 4-4 故障检测记录表

故障序号	具体现象	检测范围	检测方法
1			
2			
3			
4			
5			

2. 明确故障类型，标注到原理图对应位置

1）风扇电动机主电路故障标记

风扇电动机主电路故障标记图如图 4-15 所示。

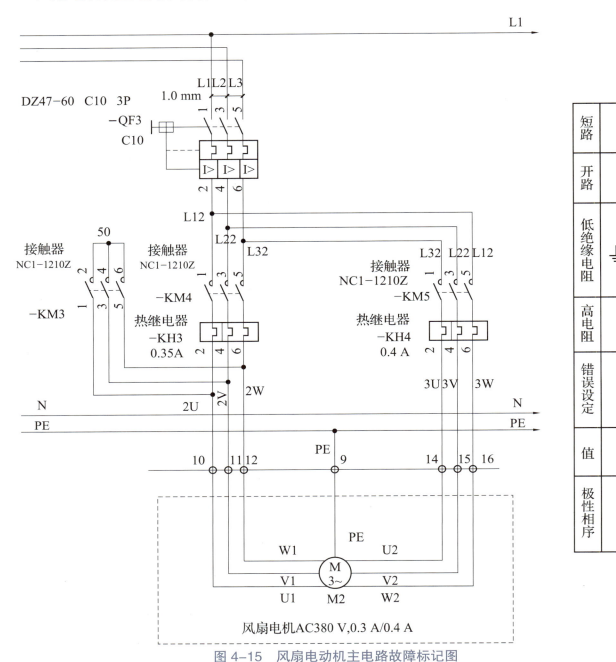

图 4-15　风扇电动机主电路故障标记图

2）风扇电动机控制电路故障标记

风扇电动机控制电路故障标记图如图 4-16 所示。

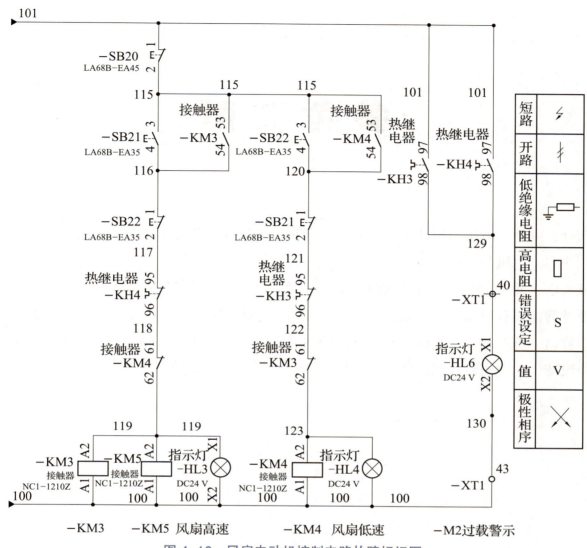

图 4-16　风扇电动机控制电路故障标记图

参 考 文 献

［1］唐介，刘娆. 电机与拖动［M］. 4 版. 北京：高等教育出版社，2019.

［2］刘小春. 电机与拖动［M］. 3 版. 北京：人民邮电出版社，2018.

［3］汤天浩，谢卫. 电机与拖动基础［M］. 3 版. 北京：机械工业出版社，2017.

［4］亚龙智能装备集团股份有限公司. YL-G156A 型能力测试单元实训指导书. 2019.

［5］曾祥富，陈亚琳. 电气设备安装与维护项目实训［M］. 北京：高等教育出版社，2015.

［6］庄汉清. 电气安装与维修技术［M］. 北京：电子工业出版社，2016.